云南核桃

方文亮　宁德鲁　等　编著

科学出版社

北京

内 容 简 介

本书主要介绍云南深纹核桃的相关知识，系统总结了云南省近60年的核桃生产经验及相关技术，包括云南核桃的起源和历史、生物生态学特性、栽培区划、主要优良品种、良种繁育、建园与栽培、病虫害防控、采收及采后处理与加工等产业背景、基础知识和实用技术。本书编写的初衷是希望在打响"云南核桃"这个品牌的同时，也对云南核桃产业发展现状及存在的问题起到一定的指导作用。

本书是一部集学术性、科普性及实用性为一体的专著，对从事核桃研究、生产的工作者具有一定的参考价值。

审图号：云 S(2019)044 号

图书在版编目（CIP）数据

云南核桃 / 方文亮，宁德鲁等编著. —北京：科学出版社，2019.11
ISBN 978-7-03-063130-5

Ⅰ．①云… Ⅱ．①方… ②宁… Ⅲ．①核桃—果树园艺 Ⅳ．①S664.1

中国版本图书馆 CIP 数据核字（2019）第 243728 号

责任编辑：张静秋 丛 楠 赵晓静 / 责任校对：严 娜
责任印制：师艳茹 / 封面设计：迷底书装

科 学 出 版 社 出版
北京东黄城根北街 16 号
邮政编码：100717
http://www.sciencep.com

三河市春园印刷有限公司 印刷

科学出版社发行 各地新华书店经销

*

2019 年 11 月第 一 版 开本：787×1092 1/16
2020 年 6 月第三次印刷 印张：15
字数：302 000

定价：138.00 元

（如有印装质量问题，我社负责调换）

《云南核桃》编著人员名单

编著人员：方文亮　宁德鲁　马　婷　肖良俊
　　　　　徐　田　耿树香　杨红朝

照片提供：方文亮　肖良俊　范志远　赵廷松

书名书写：李贤忠

地图制作：陈　剑

作者简介

  方文亮，男，1938年12月出生，云南省峨山县人。研究员，中共党员。1963年8月毕业于昆明农林学院（现为西南林业大学）林学专业，同年分配于云南省林业科学研究所（1985年改为云南省林业科学院，2018年更名为云南省林业和草原科学院）工作。1964年3月至1985年5月在云南省林业科学研究所漾濞核桃研究站（2011年更名为云南省林业科学院漾濞核桃研究院，2018年更名为云南省林业和草原科学院漾濞核桃研究院）基层工作；1985年6月回到云南省林业科学院（现为云南省林业和草原科学院），时任经济林木研究所首任所长，直到1998年12月退休，退休后仍工作至今。

  1964~2019年，与科研团队一起开展了云南核桃种质资源调查，选出'漾濞泡核桃''大姚三台核桃''昌宁细香核桃''华宁大白壳核桃'等26个晚实农家良种。选用中国北方早实核桃与南方良种核桃进行远缘种间杂交育种，该项工作持续30余年，培育出5个杂交早实新品种，其优点是早实、丰产、优质、耐寒、早熟及树体矮化，均已审定、推广，为云南良种化栽培核桃打下坚实基础，结束了云南和西南地区没有早实核桃的历史。针对核桃嫁接成活率低的难题，开展了"核桃高效嫁接技术研究"，经过10多年的研究，成功地使核桃嫁接成活率达到80.5%~98%，解决了几百年来的难题，促进了核桃产业的快速发展。

  1985~2017年，先后任中国园艺学会干果分会副理事长、中国经济林协会木本油料专业委员会委员、云南省林学会理事等学术团体职务9个，此外还是云南省昆明市第八届政协委员。

  科研工作50余年来，曾主持完成国家及云南省重大科技攻关项目6项，先后获国家科技进步三等奖1项；云南省科技进步二等奖4项，三等奖1项；云南省科技兴林一等奖1项。另外，参与研究项目2项，均获得云南省科技进步二等奖。

  1984年获中国林学会"劲松奖"；1998年被评为"云南省突出贡献专业技术人才"；2008年被评为"首届中国核

桃产业十大影响人物"；2009 年被评为"中国干果产业突出贡献人物"；2015 年被云南省委评为"离退休干部先进个人"；2018 年获云南省"银发铸辉煌"老科技工作者突出贡献奖；2019 年被评为"云南省助力乡村振兴先进个人"；2019 年获中共中央、国务院、中央军委颁发的"庆祝中华人民共和国成立 70 周年"纪念章。工作以来，曾多次被单位评为先进个人或先进工作者。

工作至今，先后多次到云南省 16 个市(州)、100 多个县(市)，以及贵州、广西、四川、河北、山东、陕西、山西、新疆、甘肃等省(自治区)进行学术交流及培训，举办培训班千期以上，授训人员达数万人之多。培训期间跋山涉水、走村串寨，人们亲切称其"方老师""方核桃"。

工作以来，结合核桃产业及科研交流的需要，先后撰写了《漾濞核桃》《试论核桃良种繁育》《核桃高效嫁接技术研究》《核桃杂交育种研究》等论文 100 多篇，分别在《经济林研究》《西部林业科学》《中国科学报》《科学试验》《云南林业》等省内外重要报刊上发表。同时撰写了科普丛书《云南核桃简介》《云南核桃低产园提质增效改造技术》《核桃栽培管理技术 100 问》及《云南核桃栽培管理技术》培训教材等；参加编著的《核桃、油茶、油桐、油橄榄栽培技术》《中国果树志·核桃卷》《云南主要林木种质资源》等书已出版发行。

通信地址：云南省昆明市黑龙潭蓝桉路云南省林业和草原科学院，邮政编码：650204，联系电话：0871-65211532,13708472089。

宁德鲁，二级研究员，云南省林业和草原科学院经济林木研究所所长，高原木本油料种质创新与利用技术国家地方联合工程中心常务副主任，云南省木本油料工程技术研究中心和云南省木本食用油工程研究中心主任。首批"云岭产业技术领军人才"，2011 年被评为"云南省技术创新人才"，2014 年被评为"云南省突出贡献优秀专业技术人才"，第二十二届云南省先进工作者，第十二届中国林业青年科技奖获得者，2019 年云南省"云岭学者"。

主要从事木本油料良种选育及栽培方面的研究与推广工作，主持国家科技支撑计划课题、云南省重大科技专项计划等项目 10 余项，获云南省科技进步特等奖 1 项，二等奖 2 项，三等奖 6 项；选育核桃、油橄榄省级良种 21 个，新品种 2 个；获授权相关发明专利 5 项，实用新型专利 5 项；登记软件著作权 3 项；以第一作者或通讯作者发表科技论文 50 余篇，主编著作 3 部。

核桃是我国最重要的生态经济兼用树种，面积、产量均居世界第一，发展核桃产业对促进山区经济发展、维护国家粮油安全具有重要战略意义。党中央、国务院和云南省委、省政府对核桃产业发展高度重视，先后发布了《国务院办公厅关于加快木本油料产业发展的意见》（国办发〔2014〕68 号）和《云南省人民政府关于加快核桃产业发展的意见》（云政发〔2008〕129 号）等文件，做出了打造世界一流"绿色食品品牌"等重大战略部署。我国核桃因栽培环境、种质资源等差异分为两大区域：一是以云南为中心的西南栽培区，主要栽培种为深纹核桃（*Juglans sigillata*）；二是以新疆、陕西等为主的北方栽培区，主要栽培种为普通核桃（*Juglans regia*）。云南是世界深纹核桃分布中心，也是世界核桃种质资源最富集的区域之一，还是我国核桃传统主产区和世界知名的优质核桃产地。云南 80% 以上的面积适宜种植核桃，覆盖全省 129 个县（市、区），其中 70 个县（市、区）把核桃列为山区扶贫重点产业。

根据林产业对核桃良种、繁育技术、栽培管理技术等方面的迫切需求，云南省林业和草原科学院的一代代"核桃人"前赴后继，开展了长达 60 年的研究工作，挖掘出'漾濞泡核桃''大姚三台核桃'等享誉全球的优良农家品种，杂交创制'云新'系列早实核桃新品种，创新总结"核桃高效嫁接技术研究"，集成创新"云南核桃全产业链关键技术"，取得了从资源、良种到栽培管理、采收，再到采后处理和加工等系列科技成果，强有力地推动了云南核桃产业的发展与进步。截至 2017 年底，云南核桃栽培面积达 4300 万亩、产量达 116 万吨、产值达 318 亿元，成为云南第一大经济作物，同时云南也成为全球最大的核桃生产基地。核桃正在成为继烟草之后又一具有全国影响力，并对云南的社会、经济、生态建设起到重要支撑作用，山区农民受益最广、最可持续发展的绿色生态产业。

　　该书全面、系统地讲解了云南核桃的起源和栽培历史，阐述了云南核桃独特的生物生态学特性，总结了编者多年的实践经验和研究结果，首次对云南核桃分布进行区划，具有创新性和独特性。与此同时，编者基于云南 60 年的核桃科研成果，介绍了云南核桃良种选育、繁育、建园、栽培管理、病虫害防治、采收及采后处理等全产业链技术，是一部集学术性、科普性及实用性为一体的著作，对从事核桃研究、生产的工作者具有较高的参考价值。

云南省林业和草原局党组书记、局长：

2019 年 5 月

云南核桃的主要栽培种为深纹核桃。深纹核桃（*Juglans sigillata*）又名铁核桃、泡核桃、茶核桃、漾濞泡核桃，是中国西南的特有种，其起源和分布中心在云南。截至目前，云南省核桃种植面积已超 4300 万亩，成为全球最大的核桃生产基地。

目前，核桃产业正处于由"数量扩张型"向"质量效益型"转变的关键时期，推动核桃产业提质增效、转型升级，是核桃产业发展面临的重大战略任务。云南省委、省政府主要领导多次强调，推动产业转型升级是云南加快转变经济发展方式的关键所在，是提升云南经济发展质量、增强核心竞争力、实现资源大省向经济强省转型的必由之路。2016 年《中共云南省委、云南省人民政府关于加快高原特色农业现代化实现全面小康目标的意见》（云发〔2016〕1 号）提出了"到 2020 年，花卉、茶叶、核桃、橡胶、淡水渔业 5 个产业分别实现综合产值 500 亿元以上"的目标，2016 年中共云南省委农村工作会议上也指出，"构建我省高产、优质、高效、生态、安全的现代农业生产体系和产业体系，全省要着力打造茶叶、花卉、水果、云药、肉牛、核桃、淡水鱼 7 个 500 亿元级产业""要加强农业科技攻关，围绕木本油料等优势产业实施重大科技专项""着力加强新品种、新技术、新模式、新机制'四新'协调和良种、良法、良壤、良灌、良制、良机'六良'配套，强化先进适用技术的组装、集成与示范推广"。要完成以上目标及任务，必须尽快突破核桃产业发展的技术制约，将云南核桃产业建设成为云南林业的支柱产业，云南高原特色农业的重要组成部分，中国核桃供应的主要基地，面向东南亚、南亚及世界的重要核桃出口基地。

本书针对云南核桃产业发展现状及存在的问题，系统介绍了云南核桃的起源和历史、生物生态学特性、栽培区划、

主要优良品种、良种繁育、建园与栽培、病虫害防控、采收及采后处理与加工等产业背景、基础知识和实用技术。希望可以在打响"云南核桃"这个品牌的同时，也将云南省近 60 年先进的核桃生产经验和科学技术加以推广和普及。

在本书的编写过程中，西南林业大学曾觉民先生为区划章节提供了大量植被数据资料，李贤忠教授为本书题写了书名"云南核桃"；云南省林业和草原科学院范志远研究员、赵廷松研究员、陈剑博士提供了部分良种照片及区划图片，在此表示诚挚的谢意！

本书中所有地图不作划界依据，本书地图审图号：云 S（2019）044。

由于本书征集资料还不够全面，文稿图片有所欠缺，加之编者水平有限，书中难免存在不足之处，敬请专家和读者批评指正！

编　者

2019 年 10 月

目 录

第一章 概 论

核桃(*Juglans* spp.)是世界四大干果(核桃、杏仁、腰果及榛子)之一,分布和栽培面积均居四大干果之首。目前全世界广泛栽培的核桃有普通核桃(*Juglans regia*)和深纹核桃(*Juglans sigillata*)两个种。中国是世界核桃大国,云南是中国核桃大省,其核桃栽培面积、产量、质量及效益均独占鳌头。普通核桃主要栽培于中国北方及其他国家的核桃产区,深纹核桃则主要分布在中国西南的云南、西藏、四川、贵州、湖南、广西等地(图 1-1)。

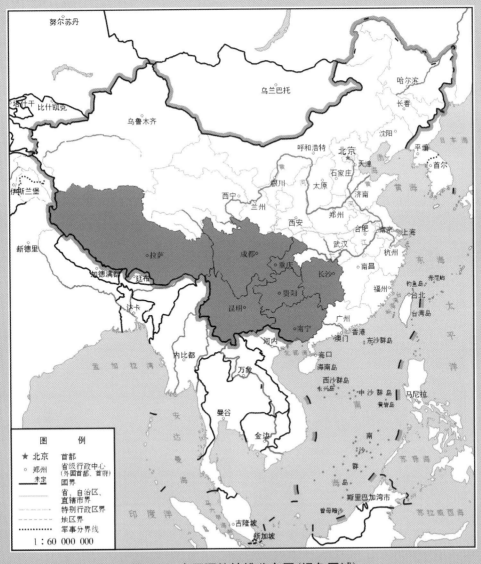

图 1-1 中国深纹核桃分布区(绿色区域)

第一节　云南核桃的起源及栽培历史

▶▶ 一、云南核桃的起源

云南有得天独厚的发展核桃的自然条件及丰富的土地资源,有世界一流的品种资源、悠久的栽培历史、良好的产业及技术基础,因此云南核桃在世界核桃产业中有着举足轻重的地位。云南核桃的主要栽培种为深纹核桃。深纹核桃又名铁核桃、泡核桃、茶核桃、漾濞泡核桃,是中国西南地区的特有种,其起源和分布中心在云南。在云南,深纹核桃主要分布在金沙江、澜沧江、怒江、南盘江等流域(图1-2)。

图 1-2　深纹核桃在云南的主要分布流域

A,B. 金沙江流域核桃分布一角;C,D. 澜沧江流域核桃分布一角;E,F. 怒江流域核桃分布一角云南核桃历史源远流长，曾在多地发现核桃古木及化石(图1-3)。1980年，在漾濞彝族自治县(后简称漾濞县)平坡镇高发村的核桃林中发现了埋在地下的一段核桃古木化石(图1-3A)，1985年，经中国科学院用^{14}C同位素对树龄进行测定，表明早在公元前16世纪漾濞江流域就生长有大量核桃。1994年，在海拔2200m的苍山西坡一处岩壁上，发现了古代的岩画，被命名为"苍山岩画"。岩画高9m左右，底边宽10m有余，呈缺角长方形，面积约100m^2。据专家考证，"苍山岩画"以写实的手法，描绘了距今3000多年前新石器时代的社会生产、生活场景，上面绘有村落、人物、动物等图案200多幅，其中最大的约1m^2，在岩画的一角可以清晰看到，一棵高大挺拔的核桃树上挂满了果实，以及采收核桃的画面(图1-4)。2002年，在漾濞雪山的河滩上发现了一块核桃古木，经中国社会科学院考古研究所测定，表明早在2.6万年前，漾濞地区就有核桃分布。也就是说，在张骞从西域带回胡桃种子之前，我国西南的漾濞江流域，大片的核桃林已在阳光下生长多年。

A　　　　　　　　　　　B　　　　　　　　　C

图1-3　核桃古木及化石

A，B. 核桃古木化石；C. 核桃古木

图1-4　苍山岩画部分截图

作为中国核桃之乡之一的大姚，也有着悠久的核桃种植历史。据《盐丰县志》和《中国果树志·核桃卷》记载，大姚的核桃栽培历史长达 3500 多年。早在 16 世纪初，大姚境内的渔泡江、金沙江流域的百草岭山脉就生长有大量核桃树。近年在大姚、景东等县陆续发现的核桃化石，也进一步证明了云南核桃栽培历史悠久、分布广泛。

另外，通过对云南核桃种质资源的全面调查，发现全省 16 个州(市)129 个县(市、区)均有种植。在怒江、迪庆、昭通、大理、丽江、曲靖等地，目前仍有大片野生铁核桃和栽培型核桃并存，包括泡核桃、夹绵核桃及铁核桃三种类型，核桃古树资源丰富，进一步印证了云南是深纹核桃的原产地之一。

▶▶ 二、云南核桃的栽培历史

云南核桃栽培历史悠久。根据发现的核桃化石及"苍山岩画"，云南核桃的栽培历史至少可追溯至 3000 多年前。2015 年，漾濞完成全县核桃古树资源调查工作。经统计，全县百年核桃古树共 182 480 株，树龄最大的在 1500 年左右。这些核桃有散生的，也有成群分布的，有野生改造型也有人工培育型。除此之外，在大姚、香格里拉等地也相继发现核桃古树，这些核桃古树至今生长健壮、结实累累(图 1-5)。在云南省大姚县三台乡有一株 500 多年的核桃树，占地 2 亩①，树高超过 40m，干径超过 2m，年产核桃干果 70 000 个左右(约 700kg)，目前树势生长仍然正常。

---

① 1 亩≈666.7m²

图 1-5　云南核桃古树

A. 香格里拉市尼西村 800 年核桃古树；B. 景东彝族自治县(简称景东县)新民村 500 年核桃古树；
C. 漾濞县双涧乡 500 年核桃古树；D. 大姚县三台乡 500 年核桃古树；
E. 漾濞县光明村 300 年核桃古树；F. 华宁县 350 年核桃古树

　　据各种历史及野史记载，核桃在云南的栽培历史也已将近 2000 年。《三国志》中有诸葛亮"七擒七纵"孟获的记载，诸葛亮的大军在澜沧江流域围追孟获，风餐露宿、跋山涉水，在饥渴难耐时发现大片挂满果实的核桃林，以此充饥解乏，说明在 1800 多年前，云南澜沧江流域即有核桃栽培。另据《南诏通纪》记载，有宋代段思平"获商人遗以核桃一笼"之事，可知远在几百年前的大理地区就已将深纹核桃果实作为商品。明代地理学家徐霞客 1638 年在游历澜沧和凤庆时记载："郡境所食所燃皆核桃油。"

　　清朝《云南通志》卷十记载"核桃大理漾濞者佳"。《滇海虞衡志》记载"核桃以漾濞江为上，壳薄可捏而破之"。由此可见，早在清朝之前大理漾濞一带已培育出闻名遐迩的'漾濞泡核桃'。1996 年《中国果树志·核桃卷》中记载，大姚县主栽的三台核桃，是大姚县三台乡人张鹏冲于清康熙初年从当地栽培的核桃品种中选育出的一个良种。因此可以断定，500 多年前云南人民就已经成功地从深纹核桃种群中选育出至今仍在推广栽培的核桃良种——'漾濞泡核桃'和'大姚三台核桃'。

　　迄今在云南的漾濞、大姚、凤庆、景东、昌宁、永平、云龙、南华、维西、香格里拉、玉龙等县的江边、路边、田边地角、房前屋后均有'漾濞泡核桃'和'大姚三台核桃'及其他深纹核桃品种的嫁接核桃树，树龄多在 200～500 年。据史料记载，目前各核桃主产区树龄在 500 多年左右的深纹核桃古树，基本是经过良种选育、采用嫁接繁殖形成的。据 1964～1968 年云南省林业科学研究所漾濞核桃研究站(现云南省林业和草原科学院漾濞核桃研究院)对云南省核桃主产区进行的调查及访问可知，大理地区以方块芽接为主，保山地区以破头接、切接、腹接及削芽接为主，临沧、普洱等地区以破头接、切接、插皮接为主，说明云南核桃嫁接繁殖历史悠久，且方法成熟多样。据相关资料记载，1858 年，一位名叫 Felix Gillet 的法国人来到美国加利福尼亚州后，才开始了美国核桃嫁接繁殖的历史，而法国核桃嫁接繁殖早于美国 200 年。我国北方地区核桃嫁接繁殖在 20 世纪 70 年代才获得突破性进展。可见，云南是世界上最早采用无性繁殖技术繁殖核桃的地区。

随着时间的推移、科学的发展，云南省林业和草原科学院于 1977～1994 年开展了"核桃高效嫁接技术研究"，研究出了芽苗砧嫁接、移苗砧嫁接和蓄热保湿嫁接三种方法，使云南核桃嫁接苗的平均嫁接成活率达到 85.74%，最高的达 98%，比历史上常规嫁接方法提高了一倍多。

云南核桃传统栽培模式以"四旁种植"和"果粮间种"为主，历史悠久，在目前各核桃主产区的房前屋后、耕地边、耕地内均可看到零星分布的核桃古树。现代栽培模式以规模经营为主，兼顾"四旁种植"和"果粮间作"。

第二节　核桃的经济、社会及生态效益

核桃是一种综合利用价值很高的木本油料树种，也是生产优质木材的用材树种，可以说核桃树全身是宝。核桃仁、青皮、种壳、花粉、雄花序、树皮、枝叶及木材均可开发利用，山区群众称它为"摇钱树""铁杆庄稼"和"绿色银行"。

一、核桃的经济效益

(一)核桃仁的价值

核桃仁是最有利用价值的部分，具有丰富的营养成分和较高的保健医疗作用。

1. 核桃仁的营养成分

核桃仁(图 1-6)营养十分丰富，每 1000g 核桃仁中含脂肪 200g 左右，蛋白质 174.4g(包含 20 种氨基酸)，碳水化合物 104g，粗纤维素 58g，灰分 15g，磷 3.6g，铁 0.04g，胡萝卜素 0.001g，硫胺素 0.003g，核黄素 0.001g；另外，其折光率为 1.47，碘值为 161.7g/100g，酸值为 0.791mg KOH/g，皂化值为 194.5mg KOH/g，非皂化物含量为 0.5%；核桃仁中油脂的相对密度在 0.92 左右。用核桃仁榨取的核桃油，其饱和脂肪酸仅占 10%，不饱和脂肪酸占 90%。

2. 核桃仁的保健医疗功能

核桃的食用部分为核桃仁，但在生活与某些研究中，人们习惯使用"核桃"代表所食用的"核桃仁"。核桃是健脑益智、延寿、美容、秀发和预防心血管疾病的天然保健食品，被誉为"万岁子""长寿果"。核桃的保健功能很早就为人们所认识和推崇，据《本草纲目》记载，核桃能补气益血，调燥化痰，治肺润肠，且味甘性平，有"温补肾肺，定喘化痰"的疗效。核桃不仅可增进食欲，乌黑须发，还能医治性功能减退(精氨酸的作用)、神经衰弱(磷脂的作用)、记忆衰退等疾患，所以民间有"常吃核桃，返老还童"之说法。唐代的《食疗本草》中称核桃有"通筋脉，润血脉，常服骨肉细腻光滑"的作用。孕妇多吃核桃可使胎儿的骨骼发育良好；儿童、青少年经常食用核桃有利于生长发育，增强记忆力，保护视力；青年人常吃核桃可使身体健美，肌肤光润；中老年人常吃核桃可保心养肺，益智延寿。近代科学研究进一步证明了核桃仁有以下保健功能。

图 1-6 核桃仁

(1)健脑作用 核桃脂肪中含有70.7%的亚油酸和12.4%的亚麻酸，这些不饱和脂肪酸是大脑组织细胞的主要结构脂肪；同时核桃中含有多种微量元素，它们也是大脑组织细胞结构脂肪的良好来源，特别是锌元素，它是组成脑垂体的关键成分之一；充足的亚油酸和亚麻酸还能排出附着在血管内壁上的由新陈代谢产生的杂质，使血液净化，为大脑提供新鲜血液，从而提高大脑的生理功能。

(2)预防心血管疾病 核桃中不饱和脂肪酸的不饱和双键具有与其他物质相结合的能力，它能捕捉血液中的胆固醇，并将其排出体外，具有预防高血压、心血管等疾病的功效。

(3)美容养颜 核桃中丰富的维生素E可使细胞免受自由基的氧化损害而具有美容的功效。此外，当人体缺乏亚油酸时，皮肤会变得干燥、肥厚，而核桃中的亚油酸能促进皮肤发育并使皮肤富有弹性，也有利于毛发健美。

(4)溶解结石 胆结石的形成与饮食有关，主要是由于食物中的黏蛋白与胆汁中的钙离子及非结合型胆红素结合。而核桃中所含的丙酮酸能阻止黏蛋白与钙离子、非结合型胆红素结合，并能使胆结石溶解和加速其排泄。

（5）益寿延年　　核桃所含的锌和锰是组成脑垂体、胰腺和性腺的关键成分，并有加强心肌功能的作用；铬有促进人体对葡萄糖的利用和胆固醇排出的作用。这几种微量元素与保持心脏健康、维持内分泌功能正常及抗衰老有着密切的关系。

（二）核桃壳的用途

核桃壳的组成成分有灰分、水分、苯醇提取物、木质素、纤维素和半纤维素等，还有少量戊糖，核桃壳主要含氮、磷、钾、钨、镁等元素。相关研究报道，核桃壳在食品方面可用于棕色素的提取和制备木糖，也可作为食用菌栽培的原料；在医药方面对严重腹泻、复发性口腔溃疡、尿床、急性心肌缺血、前列腺增生有一定的治疗作用；在化工方面可制成生物质吸附剂、有机稀释肥、抗氧化剂、生物油、金属的清洗和抛光材料、高级涂料和磨砂膏等；另外，核桃壳通过雕刻和黏结，再经过油漆、抛光等工艺，可以制成多种形式、多种造型的工艺品。但目前核桃壳的利用方式不多，主要作为锅炉燃料及用于制备压缩烧烤炭，少量用于制备活性炭（图1-7）。

图1-7　核桃壳

（三）核桃花粉的价值

植物花粉由于其营养成分的丰富性、均衡性和完全性，常具有很高的药用价值和保健功能，但不同植物的花粉其营养成分和营养价值又有很大差异。

核桃花粉（图1-8）具有蛋白质和粗脂肪含量较高，还原性糖和蔗糖含量较低的特点。氨基酸总量为23.70%，其中8种人体必需氨基酸总量为9.61%，必需氨基酸占氨基酸总量的40.55%，甲硫氨酸和胱氨酸为其限制性氨基酸。核桃花粉还有高钾、低钠的特点，且钙、镁、磷的含量较高；微量元素中锌、硒的含量也较其他花粉高。维生素中维生素 C 含量最高,其次是维生素 B_6,维生素 B_1、维生素 B_2、胡萝卜素含量较低。综上可知,核桃花粉的基本成分表现出较高的营养价值,可以作为食品营养添加剂。

图 1-8 核桃花粉

(四)雄花序的用途

核桃为雌雄花同株,雄花(图 1-9)于每年 3 月上中旬开花,为柔荑花序,直径 1～1.5cm,长达 20cm,花序重约 3g。核桃雄花含有大量维生素、氨基酸、碳水化合物、胡萝卜素、纤维素、鞣酸,以及钙、磷、钾、铁、锌、锰等多种矿物质,是清凉、解热、消炎、润肺、健胃的保健佳品,也是可口的优质蔬菜。核桃雄花吃法较简单,首先将它用水煮一下,然后用清水漂去涩味,即可食用,可凉拌、煎炒、煮汤、油炸,也可制成调味品、干菜、腌菜等。

图 1-9 核桃雄花序

(五)核桃叶的用途

核桃叶(图 1-10)含维生素 C、维生素 B、维生素 D、维生素 E、胡萝卜素、挥发油、鞣质、染色物质等。根据民间记载,核桃叶制剂有改善新陈代谢、促进肌体强壮的作用,对维生素缺乏症、喉头炎、淋巴结与甲状腺肿大、结核病、黄疸病、妇科病、皮肤病等都有一定疗效。

图 1-10 核桃叶

有研究对 5~8 月采集的核桃鲜叶的维生素 C 含量进行分析,发现每 200g 鲜叶中维生素 C 含量达 700~1200mg,远远高于枣、猕猴桃、柠檬等高维生素 C 含量水果。

(六)核桃青皮的用途

目前,关于核桃青皮(图 1-11)中化学成分的提取分离和成分鉴定的研究已取得了一定进展,鉴定出核桃青皮中含有 39 种挥发油和 7 种脂肪酸,其中挥发油占 79.09%、脂肪酸占 19.02%。胡桃醌是核桃青皮中主要的毒性物质,具有明显的抑菌和抗癌作用;另外,核桃青皮中的各种苷类有减轻疼痛、增加食欲、促进睡眠的作用;单宁可用于制革,也可作为媒染剂、固色剂,是重要的工业原料。

现代研究表明,核桃青皮经过溶剂浸提所得的混合物可直接用于医疗、工业、农业等相关方面。核桃青皮作为民间抗癌药方,历史久远;由其提取的天然色素可用于软糖、果冻、蛋糕等食品的着色,也可用作染发剂;同时,核桃青皮还能够制备农药杀虫剂。

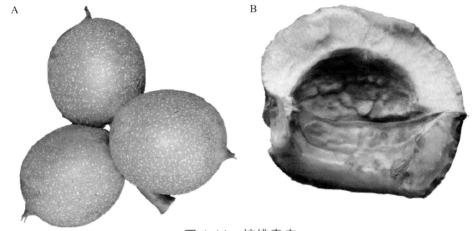

图 1-11 核桃青皮

A. 带青皮核桃果；B. 核桃青皮截面

(七)核桃木材

核桃木由于其独特的纹理、不翘不裂的稳定材性，成为世界装饰名材。使用核桃木生产家具历史悠久，很多古董和古家具都为核桃木所作，是中世纪木雕家所钟爱的材料。核桃木边材为白色，芯材呈红褐色至栗褐色，有时带紫色，兼有深色或黑色条纹，久露空气中呈巧克力色，颜色和条纹通常随着产地不同而有所变化。其纹理通直，结构细而匀，重量、硬度、干缩及强度适中，冲击韧性高，抗压强度高，蒸汽处理后的弯曲性能良好，手工及机械加工较容易，胶黏性好，握螺钉力佳，油漆后光亮性能优异。

二、云南核桃的社会效益

(一)山区人民脱贫致富的梦想与希望

核桃是云南的传统产业，21 世纪初就已经形成了 800 万亩的种植规模。2002年退耕还林工程全面启动，云南开始实施以核桃为重点的生态产业建设，新增种植面积 949.6 万亩,其中在荒山荒地上种植的 137.8 万亩核桃,亩均收益达 1269元。"十一五"时期，云南提出"建设成为全国重要木本油料基地"的发展目标，把核桃作为全省重要的"生态产业、富民产业"全力推进，省级财政累计筹集近 1.3 亿元专项资金连续投入；积极争取国家林业局支持，把核桃纳入"天保工程"、防护林建设、造林补贴等重点工程的重要造林树种，加大扶持；科学规划、良种壮苗、示范推广，全省确定 101 个核桃基地县(市、区)。

截至 2017 年底，云南全省 129 个县(市、区)90%以上种植核桃，核桃产业发展重点县(市、区)有 70 个，核桃种植面积达到 4300 万亩，惠及云南 2622.3万山区群众，更重要的是惠及云南省山区众多贫困人口。核桃种植、加工、销售专业合作社 1000 多个，惠及 6 万农户。大理、临沧、保山、楚雄等核桃主产区农民人均收入因种植核桃超过 1500 元。核桃产业已成为云南覆盖面最广、惠及群众最多、持续发展空间最大的高原特色产业之一。对于云南大山深处众多要脱贫致富的群众，核桃承载着他们致富的梦想与未来的希望(图 1-12)。

图 1-12　核桃给农民带来安居乐业的生活

（二）科学合理利用山区土地及气候资源

云南地处云贵高原，山脉纵横、江河川流，形成多样性的气候和生物环境；这里雨量充沛、阳光充足，多数地区夏无酷暑、冬无严寒，具备种植核桃的气候条件。云南是一个山区省，山地占全省土地面积的 94%。山区土地资源较多，但大多为山地，耕地资源相对较少，面积为 2900 万 hm^2，约占全省耕地面积的 67%。云南核桃在全省 16 个州(市)129 个县(市、区)都有分布和栽培，适宜种植核桃的坡地、缓坡地面积较大。充分利用好这些宝贵的气候和土地资源，将会使云南核桃实现产业化、规模化经营的目标。

（三）发展山区经济、促进社会和谐、振兴乡村

核桃是一种百年受益的"摇钱树"，又是适宜云南广大山区栽培的经济林木树种。云南土地的 94% 是山区，这里住着 74% 的人口，约 3600 万农民。这些地区山高坡陡、交通不便、信息不通、经济不发达，教育、医疗条件较差，多数属于贫困山区。地区经济发展缓慢、温饱问题难以解决，往往是社会不和谐的根源。因此，历届政府十分重视贫困山区的经济发展，将发展核桃产业作为山区脱贫致富的重点产业之一。发展核桃产业，投资少、易管理、收益时间长

而平稳，对加快山区经济发展，促进新农村建设，步入小康生活，构建富裕和谐社会具有重大而深远的意义。

 三、核桃的生态效益

(一)强大的碳汇、制氧功能

核桃树属高大乔木，根深叶茂，它随时都在通过光合作用将空气中的二氧化碳固定到树体及果实的生物量中，这个过程就是一个碳汇的过程。核桃树固定的二氧化碳量叫作碳储量或碳汇量。根据云南省林业和草原科学院的研究结果，一株30年生、胸径在40cm左右、树高10m左右的核桃树，全株生物量可达884kg，再用碳含量50%进行估算，则单株碳储量可达442kg。按每公顷100株计，不计土壤有机碳等其他碳库，30年生核桃林在树体生物量中的碳储量可达44.2吨/hm^2，这已经远远高于云南热带次生林23吨/hm^{2}的碳储量水平了。此外，如果将核桃壳加工成可长期保留的产品如活性炭等，使用核桃油替代部分能源用油，可为减少温室气体做出贡献。

(二)涵养水源、保持水土及防风功能

核桃树是高大的乔木树种，树冠高大、根系深而发达，是水土保持、调节气候的理想树种。核桃树冠庞大，当下雨特别是暴雨时，雨滴打在树冠上，一部分被叶片吸收，另一部分则顺着叶片缓慢地滴下来，在地面上不易形成径流，从而防止暴雨直接冲刷地面而造成水土流失。另外，核桃树主、侧根均发达，30～50年生的核桃树主根可深达地下3～5m，侧根粗壮而且分布面积较大，根冠的面积是树冠面积的2～3倍，在云南省凡是核桃成林的地方，较少发生过较大的山休滑坡或泥石流灾害，说明核桃能起到保持水土的良好效果(图1-13)。此外，核桃树体高、冠幅大、根系深，在大风季节还能起到防风作用。

图 1-13 核桃林的水土保持功能

A. 陡坡上的核桃树；B. 成片核桃林保持水土

(三)净化空气、杀菌灭虫功能

根据《中国可持续发展林业战略研究总论》统计，核桃树形成的阔叶林每年可吸收二氧化硫 5.91kg/亩，能够有效地净化空气。同时，核桃树释放的氧气富集在核桃林周围，形成的负氧离子具有杀菌功能。另外，核桃树体内含有一种胡桃醌植物碱，有杀灭害虫的作用，核桃产区的农民常将核桃叶、青皮捣碎磨细、挤压出汁，用来防治蔬菜上的蚜虫。

(四)保护生物多样性功能

核桃树树冠大、分枝多，可形成良好的森林环境，为昆虫、鸟类及野生动物提供栖息空间以及捕食猎物的场所，并为鸟类生存创造了条件，形成核桃-昆虫-鸟类等的完整食物链，各昆虫与鸟类之间又形成核桃林内与林外食物网相互依存、相互制约的良好自然生态系统。

(五)绿化美化环境、创造宜居家园

核桃树不仅是理想的经济生态树种，还是绿化美化山区的景观树种。每年当春风拂暖大地时，生长在山区的耕地与田边地角，以及房前屋后的各种核桃树绽放出红色、草绿色、绿色的嫩叶，随着时间的推移，变成一片绿海。每到 3 月下旬至 4 月上旬，满树的雄花序条条垂在空中，在暖风的吹拂下，散发出令人陶醉的花粉清香。在骄阳似火的夏天，农民在核桃园里劳作，会感到比较凉爽，休息时大家坐在核桃树下喝茶、聊天，倍感舒适爽快，不觉劳累。秋天山区的核桃园，硕果累累，压弯枝条，田内绿色的谷物、豆类丰收在望，形成一派"树上采果实、树下收粮食"的丰收景象。同时，云南山区的核桃园环境秀丽、气候宜人，是乡村旅游的好去处。在云南省大理白族自治州(简称大理州或大理)核桃之乡漾濞县光明村有万亩核桃园，多数人家办起了农家乐，每年都有数千名中外游客前去旅游参观(图 1-14)。

A    B

图 1-14　美化山区的核桃树

A. 漾濞县光明村喜庆核桃节日；B. 核桃林中的村庄袅袅炊烟

第三节　核桃的发展现状

 一、世界核桃发展现状

　　世界上 50 多个国家和地区均有核桃分布及栽培，共有 23 种。根据联合国粮食及农业组织(Food and Agriculture Organization of the United Nations，FAO，简称联合国粮农组织)统计，截至 2016 年，世界核桃收获面积为 1780 万亩，中国占全球核桃收获面积的 41%，其次是伊朗、美国、土耳其和墨西哥，占比分别为 13%、11%、7% 和 7%。全球核桃总产量为 375 万吨，世界核桃主产区是亚洲、欧洲和北美洲，这三洲的种植面积最大、产量最多，占世界总产量的 97.1%。常年产量在 10 万吨以上的国家有 6 个，主产国是中国(年产量 178.6 万吨，占总产量的 48%)、美国(年产量 60.8 万吨，占 16%)，其次是伊朗、土耳其、墨西哥、乌克兰、智利、乌兹别克斯坦、法国和罗马尼亚(表 1-1)。

表 1-1　2016 年全球核桃产量情况(带壳)

国家	产量/吨	占比/%
全球	3 747 549	100
中国	1 785 879	48
美国	607 814	16
伊朗	405 281	11
土耳其	195 000	5
墨西哥	141 818	4
乌克兰	107 990	3
智利	73 579	2
乌兹别克斯坦	53 116	1
法国	39 410	1
罗马尼亚	34 095	1
其他	303 567	8

数据来源：联合国粮农组织(FAO)

　　美国是世界上仅次于中国的核桃生产大国，由于其良种化、机械化、专业化、标准化程度高，其经营水平及质量效益等方面均居世界第一，其发展水平也在一定程度上反映了世界发展水平。美国核桃产量 99% 来自于加利福尼亚州，种植面积达 176 万亩。主要栽培品种有'强特勒'('Chandler')、'哈特利'('Hartley')、'希尔'('Serr')、'赫瓦特'('Howard')、'图莱尔'('Tulare')、'维纳'('Vina')、'艾文红'('Ivanhoe')、'索拉农'('Solano')、'吉莱特'（'Gillet'）等。加利福尼亚州 2012 年核桃苗圃的销售数据显示，'强特勒'仍然为美国核桃最主要的品种，其销售数量占 74.2%，其次为'图莱尔'，占 12.6%，'赫瓦特'占 8.1%，其余品种占 5.1%。加利福尼亚州有 4000 余家种植农场及 1300 余户小规模的种植户。其中，60%的核桃园由 12%的大农场经营，超过千亩的核桃园很多；平均每家种植 346 亩。核桃加工企业有 90 多家，主要产品是核桃仁。

美国十分重视核桃种质资源的收集与保存，现保存核桃属种质资源 22 个种，600 多份，这些核桃品种来自世界各地，其中来自中国的约有 150 份。这些基因都以活体形式进行备份，一份以成年大树的形式保存在大田基因库，另一份以试管苗或容器苗的形式保存于温室，基因档案存入计算机进行管理，避免混淆，随时更新和方便查阅。1981 年美国国家植物种质资源体系（National Plant Germplasm System，NPGS）在美国加利福尼亚州戴维斯市建立了国家果树与核果类作物克隆种质资源圃（The National Clonal Germplasm Repository for Tree Fruit and Nut Crops）。另外，加利福尼亚州戴维斯市国家无性系果树克隆种质资源圃也对核桃属品种进行了重点收集，核桃圃的面积为 72 亩，共保存核桃属种质资源 21 个种，471 份。

1982 年至今，美国以早实、丰产、优质、减少化学农药使用等为目的，先后共选育了'Cisco''Tulare''R. Livermore''Sexton''Gillet''Forde''Ivanhoe''Solano'等多个栽培品种。其中，'Tulare'是产量较高的品种，并且核桃仁质量极佳；'R. Livermore'为红仁核桃，是特色品种；'Sexton''Gillet''Forde''Ivanhoe' 4 个新品种产量高、早实、优质、果大，采收期比以前大面积种植的'强特勒'早。转基因核桃的田间试验研究已经开展了 10 余年，抗苹果小卷蛾、抗根腐病、抗冠瘿病、抗黑斑病、抗疫霉病、抗线虫、抗雌花脱落等基因已在核桃中编码表达，虽导入转基因砧木的基因不会在坚果中表达，不存在安全风险，但由于不被消费者所接受，因此转基因砧木的应用仍然没有得到推广。

 二、中国核桃发展现状

（一）总体概况

我国核桃栽培历史悠久，是普通核桃和深纹核桃的原产地，目前除黑龙江、上海、广东、海南、台湾外，其他省（自治区、直辖市）均有分布和栽培。主要栽培区域为云贵地区、西北地区、华北地区，普通核桃主要分布在新疆、陕西、山西、河北、河南、广西、山东、甘肃、辽宁和北京等省（自治区、直辖市），深纹核桃主要分布在云南、四川西南部、贵州西北部、广西北部和西藏东南部。

截至 2016 年，中国核桃种植面积达 1.08 亿亩，是世界核桃种植面积最大的国家。根据各省（自治区、直辖市）林业部门提供的数据，2016 年云南省核桃种植面积居全国第一位，达 4280 万亩，其次是四川（1691 万亩）、陕西（1137 万亩）、山西（890 万亩）、贵州（611 万亩）、新疆（532 万亩）、河北（413 万亩）、河南（270 万亩）、广西（260 万亩）、山东（250 万亩）。

根据联合国粮农组织统计数据，截至 2016 年底，中国核桃产量达 178.6 万吨，占世界核桃总产量 375 万吨的 48%，名副其实为世界核桃第一生产大国。近 10 年来，各级政府对核桃产业发展高度重视，群众参与核桃栽植的积极性不断提高。2016 年度，中国的核桃消费量约为 247 万吨，占全球核桃消费总量的 54.66%。1995 年全国核桃消费量只有 21.42 万吨，21 年间大约翻了 11.5 倍，年均增长率高达 12%。从国内核桃人均年消费量来看，变化趋势与总量变化趋势基本一致，国内核桃人均年消费量呈逐年增长的趋势，从 1995 年的 0.17kg 到 2016 年的 1.8kg，翻了 10.6 倍，年均增长率也达到 12%，与此同时，世界核桃人均消费增长率只有 5.8%。与其他主要核桃生产国相比，我国的数据高于美国的人均年消费量 0.66kg，低于土耳其的 3.1kg。

（二）加工现状

我国核桃产品加工起步晚，规模小，产品类型少，品牌建设差，远落后于美国、法国等发达国家。同时，我国核桃生产区多分布在山区或丘陵地带，大规模集约化核桃生产园较少，主要依靠千家万户的果农分散种植，核桃生产和采收以及采后处理技术手段落后。例如，采收仍然采用人工敲打，采收时间过早且做不到按品种采收；采后去青皮、清洗等工作基本上靠人工进行，坚果靠自然晾干法干燥，若遇到阴雨天气，核桃仁很容易发霉，颜色变深，商品等级下降，这都给核桃加工及加工品质量带来了不利影响。

近年来，云南、河北、河南、陕西、山西、山东等省涌现出一批核桃加工企业，其产品类型主要为核桃仁、核桃乳、核桃油和核桃工艺品，还有少量的核桃蛋白粉、核桃粉末油、核桃胶囊、核桃仁营养早餐，或制成活性炭、染发剂等。

1）核桃饮品类：以核桃乳为主，各科研院所和企业在生产工艺和原材料上进行了不断地研发、创新和优化，开发出了航天级核桃乳、有机核桃乳等高标准核桃乳；还有红枣核桃乳、花生核桃乳、高钙核桃乳等复合型核桃乳。近年来，核桃蛋白肽、核桃平衡酸奶等新型核桃蛋白饮品不断被开发出来，为核桃产业带来了新商机。

2）核桃油类：核桃油的生产工艺主要有压榨法、有机溶剂浸出法和超临界 CO_2 萃取法等，随着生产设备的不断更新和优化，核桃油的得油率、品质得到不断提高。根据核桃原料不同，其油产品包括有机核桃油、核桃毛油、精炼核桃油等。为了满足消费者的需求，对核桃油进一步优化，开发出婴幼儿核桃油、孕妇核桃油、核桃调和油、粉末油脂等产品陆续投放市场。

3）休闲食品类：我国开发核桃休闲食品传统悠久，一系列风味核桃制品如琥珀核桃仁、椒盐核桃、核桃酥糖、核桃酱等早已开发出来。近年来，采用现代生产工艺，开发出了蜂蜜核桃仁、枣夹核桃、牛轧糖等新产品，备受市场青睐。

4）核桃手工艺品和核桃副产物产品：利用铁核桃坚硬的核桃壳开发出花瓶、台灯、烟灰缸、纸巾盒、笔筒五大类核桃工艺品（图 1-15）；利用核桃青皮开发出青皮染发剂、墨水、生物农药；核桃壳还可加工成活性炭、超细粉、磨砂膏；核桃仁皮可用于开发面膜等产品；同时，还可利用核桃饼粕开发出核桃酵素、咖啡伴侣等产品。

图 1-15　核桃工艺品

A. 铁核桃壳制成的动物模型；B. 铁核桃壳制成的"二龙戏珠"摆件；C. 铁核桃壳制成的茶几及花瓶

》》 三、云南核桃发展现状

（一）产业现状

云南省委、省政府高度重视核桃产业发展。2008 年，云南省政府与国家林业局签订了《建设云南木本油料产业示范区合作备忘录》，制定出台了《云南省人民政府关于加快核桃产业发展的意见》（云政发〔2008〕129 号）；2009 年，云南省政府制定出台了《云南省人民政府关于加快木本油料产业发展的意见》（云政发〔2009〕44 号），明确提出省财政每年筹集 1.3 亿元专项资金，扶持核桃产业发展。近年来，又出台了《中共云南省委、云南省人民政府关于着力推进重点产业发展的若干意见》（云发〔2016〕11 号）、《云南省人民政府办公厅关于印发云南省高原特色现代农业产业发展规划（2016－2020 年）的通知》（云政办发〔2017〕7 号）和《云南省人民政府办公厅关于成立云南省加快推进茶叶和核桃产业发展领导小组的通知》（云政办涵〔2017〕83 号）等文件，进一步推动了核桃产业的转型升级。

1. 种植规模

截至 2017 年底，全省核桃种植面积达 4300 万亩、产量达 116 万吨、综合产值达 318 亿元，面积、产量、产值均居全国第一。核桃产业已成为云南最大的经济作物产业，极具云南高原特色，同时也是全国乃至世界有影响、有竞争力的优势产业。

云南全省有 101 个核桃产业基地县(市、区)，其中重点县(市、区)70 个。凤庆、云县、永平、云龙、昌宁、隆阳、腾冲、永德 8 个县(市、区)核桃种植面积超过 100 万亩；凤庆、永平、昌宁、漾濞、大姚等 16 个县(市、区)核桃产量超过 1 万吨；永平、漾濞、昌宁、凤庆、大姚等 32 个县(市、区)核桃年产值超过 1 亿元，其中，永平、漾濞、云龙、昌宁、凤庆 5 个县核桃年产值超过 10 亿元。

2. 生产加工

云南省核桃产品类型有核桃坚果、核桃仁、核桃乳、核桃油、核桃蛋白粉、核桃工艺品、核桃胶囊，以及由其制备的活性炭、染发剂等 10 余类，加工率为 35%(不含零散干燥后直接销售的坚果)，市场主要以核桃坚果、核桃仁、核桃乳为主。2016 年主要加工产品产值为 85.01 亿元，占当年核桃总产值 305 亿元的 27.87%。

3. 经营主体

截至 2017 年底，云南全省有核桃企业 780 余家，其中龙头企业 123 家，占核桃企业总数的 15.77%；核桃加工企业 204 家，占核桃企业总数的 26.15%。总产值在 10 亿元的仅有 1 家企业，1 亿～10 亿元的有 14 家。

全省共有林业专业合作社 5270 个，其中核桃专业合作社 1309 个，占林业专业合作社总数的 24.84%。

4. 品牌建设

"宾川拉乌核桃""漾濞泡核桃""景东核桃""漾濞大泡核桃""大姚核桃""昌宁核桃"6 项县域核桃品牌获得国家地理标志认证，"漾濞泡核桃""大姚核桃"等 16 个核桃产品获国家地理标志商标，"宾川拉乌核桃"和"大姚核桃"2 个商标获省级驰名商标；"舒达""摩尔农庄""信威"等 15 个商标获云南省著名商标。磨浆核桃乳、果亮泡核桃等 23 个核桃产品获"云南省名牌产品"称号。云南省还打造了"康邦美味"牌食用核桃油、"锦亿"牌核桃干果、"米甸怀宝"牌核桃干果、"信威"牌核桃干果、"东宝一捏脆"牌核桃干果、"香格里拉印象"牌核桃油、"摩尔农庄"牌核桃乳植物蛋白饮料、"漾宝"牌与"郝思嘉"牌核桃乳等核桃产品品牌。

5. 科技支撑

云南省通过省级审(认)定的主要核桃良种有 93 个；现已建成全球多样性最丰富的核桃种质资源收集库，收集核桃种质资源 2000 余份；依托云南省林业和草原科学院建设有 1 个国家级木本油料工程研究中心、3 个省部级木本油料工程研究中心和 1 个国家林业局经济林产品检验检测中心(昆明)，为云南省核桃产业发展提供了技术研发和创新平台；制定行业和地方标准 9 项，地理标志产品标准 2 项，获授权专利 289 项，登记软件著作权 3 项；获国家科技进步二、三等奖各 1 项，云南省科技进步特等奖 1 项、二等奖 7 项、三等奖 4 项；初步构建了云南山地高效栽培和加工技术体系，整体科技创新能力处于国际先进水平。

(二)科研现状

核桃产业的发展离不开科技创新的驱动，云南核桃取得令人瞩目的成绩，与以云南省林业和草原科学院为主的科研力量息息相关。自 1963 年起，先后成立了云南省林业科学研究所漾濞核桃研究站、云南省林业科学院经济林木研究所，历时半个世纪，前后 3 代人，近百名科技工作者投入到核桃科学研究中。另外，省内相关大学、企业及各州(市)科研机构也不同程度地参与了云南核桃科技创新工作。目前，云南省培养、组建了全省最大、最具实力的核桃科技创新研发团队，搭建了一流的核桃科技创新平台，在核桃种质资源挖掘、品种选育、良种繁育、丰产栽培、采收及采后处理、精深加工等方面开展系统研究，取得了一批对核桃产业发展有巨大影响的科技成果，在云南核桃的良种化进程、高效栽培和精深加工等方面做出了突出贡献。

1. 种质资源挖掘

(1)云南核桃农家品种资源挖掘　　云南地形地势复杂多样，造就了气候的多样性，加上核桃栽培历史悠久，孕育了丰富的核桃种质资源。要大力发展核桃产业，良种是关键。为摸清云南农家核桃品种资源，选择出适宜在不同生态类型区种植的核桃品种，1964～1975 年云南省林业和草原科学院漾濞核桃研究院首次开展了云南省核桃种质资源调查工作。

核桃种质资源调查首先从核桃主产县漾濞开始，先后对大理、保山、临沧、玉溪、楚雄、丽江、昭通、曲靖、香格里拉及怒江等州(市)的核桃主产县进行调查，涉及漾濞、永平、云龙、巍山、南涧、弥渡、洱源、宾川、隆阳、昌宁、施甸、龙陵、凤庆、云县、临翔、新平、楚雄、南华、大姚、玉龙、永胜、昭阳、鲁甸、会泽、维西、泸水等县(市、区)。此次资源调查对推动云南核桃产业化发展，凸显云南核桃在国际上、国内的地位具有深远影响和重大意义。

(2)云南核桃种质资源系统调查　　2000～2017 年，在国家林业局、云南省林业厅、云南省科技厅等部门的资助下，由云南省林业和草原科学院木本油料研发创新团队牵头，在各州、市、县林业局、林科所（推广站）的配合下，对全省核桃遗传资源展开了全面、系统的调查和评价。

此次对云南省核桃物种的农家品种、省级以上审（认）定良种，以及新育成、引进或发现的遗传资源进行了调查，全面掌握资源的数量、分布、特性及开发利用情况，重点包括核桃栽培品种的来源、分布、产区自然生态条件、群体数量、生物学特征、生产性能、繁殖性能，以及对品种的利用价值评估和其他相关附加信息（如照片等），并按照要求将有关信息资料进行整理编目归档。

此次共调查云南省 16 个州（市）94 个县（市、区）的核桃种质资源 3002 份，评价后初步确定入选资源 1931 份。调查的资源分别属于胡桃属（*Juglans*）、山核桃属（*Carya*）、喙核桃属（*Annamocarya*）3 个属，有深纹核桃（*J. sigillata*，包括泡核桃和铁核桃）、普通核桃（*J. regia*，即北方核桃）、野核桃（*J. mandshurica*）、麻核桃（*J. hopeiensis*）、美国黑核桃（*J. nigra*）、薄壳山核桃（*C. illinoensis*）、东京（越南）山核桃（*C. tonkennsis*）、贵州山核桃（*C. kweichowensis*）和喙核桃（*A. sinensis*）9 个种。

这是首次对世界深纹核桃核心分布区的种质资源进行系统挖掘，摸清了资源状况，对资源的多样性、特异性等特点进行了系统评价，并建成了世界上深纹核桃数量最多的种质资源库（图 1-16）。

图 1-16 核桃种质资源库

2. 品种选育

（1）引种驯化 国内引种：新疆是早实核桃的主产区，20 世纪 50～60 年代以前，新疆发展核桃均采用薄壳核桃实生繁殖。针对云南缺乏早实核桃的问题，云南省林业厅于 1963～1965 年，从新疆地区引种新疆早实核桃种子，在省内 100 多个县(市、区)开展种植试验。实生播种成活后，1～3 年开花结果的和 4～10 年开花结果的各占 50%左右；从核桃类型来看，泡核桃、夹绵核桃及铁核桃各占 1/3 左右。说明实生繁殖变异大，核桃千千万，各株不一样，与当时新疆地区核桃生长的情况一样，同一个地区，单株核桃品质差异很大。选择早实、丰产、优质的单株接穗嫁接在云南铁核桃砧木上，表现出良好的亲和力和较高的嫁接成活率。若管理良好，10 多年内生长正常、结实早(1～3 年)、较丰产(短果枝多、果枝率高)，但部分坚果饱满度差。从目前的引种驯化情况来看，无论是实生繁殖保留下来的单株还是嫁接繁殖的植株，均表现易衰老、长势差，抗病虫能力弱，生态适应性差等特点。分析其原因，应是气候、生态环境差异所致，云南是季风性气候，而新疆是大陆性气候。

(2)选择育种　　云南地形地势复杂、气候丰富多样，同时云南核桃栽培历史悠久，在长期的自然选择下孕育出丰富多样的云南核桃种质资源。在云南核桃产业大力发展的前期，缺乏栽培良种。自 1964 年开始，云南省林业和草原科学院在开展全省核桃种质资源调查的基础上，选出云南省首批优良品种。共调查出农家品种 36 个，经比较筛选出 20 个：'漾濞泡核桃''大姚三台核桃''昌宁细香核桃''华宁大白壳核桃''圆菠萝核桃''娘青核桃''草果核桃''鸡蛋皮核桃''滑皮核桃''南华早核桃''小泡核桃''老鸦嘴核桃''大屁股夹绵核桃''大泡核桃夹绵''小泡核桃夹绵''弥渡草果核桃''泸水 1 号'(又称'马核桃')，以及'凤庆水箐夹绵核桃''华宁二白壳核桃'('沙壳核桃')和'会泽小红皮核桃'(又称'小米核桃')。在选出的 20 个无性系良种中已审定命名的是'漾濞泡核桃''大姚三台核桃''昌宁细香核桃'及'华宁大白壳核桃'，并在适宜地方大力推广，目前云南已推广发展 2000 多万亩。其他品种根据各地气候条件选择发展。在此期间选出优良单株'丽 3 号''丽 18 号''丽 20 号''丽 21 号''丽 53 号''宁 2 号''宁 3 号'等，供选择发展。另外，大理白族自治州林业局选出'漾江 1 号'在漾濞县发展。同时，云南省林业和草原科学院又在全省核桃种质资源调查的基础上，筛选出适宜不同气候条件、各具经济特色的优良单株及无性系114个，目前正在做进一步评选和无性系测定工作。

(3)杂交育种　　云南核桃以晚实核桃为主,嫁接苗种植后 10 年左右才开花结果，见效慢；同时云南核桃外壳刻纹深，欠美观，与美国核桃相比，壳果市场竞争力差；所以云南核桃出口多以核桃仁为主，只有少量的核桃坚果出口。针对上述问题，云南省林业科学研究所漾濞核桃研究站于 1965～2005 年开展了核桃杂交育种研究。此研究课题先后被云南省科学技术委员会列为云南省"七五""八五"及"九五"行业重点攻关项目。此次杂交育种以培育早实、丰产、优质及适应性较广的核桃新品种为目标。在充分调研省内外核桃种质资源的情况下，本研究首次选用我国南方核桃良种——云南核桃与北方新疆早实丰产优株核桃进行南北两大种间的远缘杂交。所选亲本之一为云南核桃中的'漾濞泡核桃''大姚三台核桃'及'华宁大白壳核桃',主要优点是丰产、食味香醇、品质优良,缺点是晚实(8~10年开花结果)、种壳刻纹深密;另一亲本为新疆早实核桃优株'云林A7号''新早10号''新早13号',优点是早实(2~3年开花结果)、丰产、种壳刻纹浅滑,缺点是食味稍涩。所选亲本异质性强,优缺点互补。整个新品种培育分为4个阶段:①杂交亲本选择(1965~1977年),选用云南核桃良种和新疆早实丰产优株;②有性杂交(1978~1991年);③杂交子代培育,早实杂种优株选择(1980~1995年);④优株无性系区试与繁殖示范推广(1985~1997年)。研究历时30余个春秋,采取边杂交、边选择、边试验示范推广的方式进行。共进行杂交、自交组合26个,获得杂交种子2245粒,培育出杂种苗木(F_1代)1120株,从中筛选出早实杂种植株236株,经栽培管理、观测分析,鉴评出早实杂种优株24株。所选优株综合了两个亲本的优势经济性状,表现出早实(嫁接后2~3年开花结果)、丰产、优质及适应性较广等优良特性。后在云南省不同气候类型的7个区试点进行无性系区域性试验(简称区试)后,评定出早实、广适、丰产及优质的新品种核桃5个,总体优于国内外主要早实核桃品种,深受栽培者的喜爱,达到了预期的育种目标。到目前为止,早实杂交新品种核桃在云南、贵州、四川、广西、湖南、湖北及西藏等省(自治区)栽培面积达500多万亩,曾荣获1997年度国家科技进步三等奖和云南省科技进步二等奖,2003年度云南省科技成果推广三等奖和2005年度云南省科技成果推广二等奖。大理白族自治州林业局选用'漾濞泡核桃'作母本,'娘青核桃'作父本,种内杂交选育出'漾杂1号''漾杂2号''漾杂3号',树势较强,适应性广、丰产、品质较好,荣获2006年度云南省科技进步三等奖。

3. 良种繁育

云南省林业和草原科学院于1977~1994年开展了"核桃高效嫁接技术研究"工作,目的是解决嫁接成活率低的难题。该技术在培育砧苗,蜡封接穗,提高接口、土壤温度及湿度,促进接口愈伤组织迅速分生、愈合等方面进行了系统的研究,使云南核桃平均嫁接成活率达85.74%,最高达98%,比常规嫁接方法提高一倍以上。核桃高效嫁接技术适宜于云南省不同地区、不同气候类型条件,该技术嫁接成活率高且稳定、成苗快,经济效益高,解决了云南省多年来核桃生产中存在的嫁接成活率低的重大难题。

"核桃高效嫁接技术研究"成果获1994年度云南省科技进步二等奖,"核桃高效嫁接技术示范与推广"成果获2002年度云南省科技进步二等奖。

云南深纹核桃的各项技术,吸引了国内外专家、学者和农场主来到云南进行考察和学术交流。

4. 高效栽培

针对核桃专用肥缺乏、病虫危害风险高、投产晚、见效慢、采后处理技术落后等问题，研究人员根据云南土壤、气候等自然条件，结合高原山地核桃栽培实际，构建起从授粉配置、水肥调控、病虫防控、树体管理、复合经营，到采后处理全环节的山地核桃高效栽培技术体系，与常规管理相比增产幅度在36.87%以上。在云南核桃提质增效工程中推广1000余万亩，对云南省核桃基地提质增效起到了重要支撑作用。该项技术为2018年度云南省科技进步特等奖"云南核桃全产业链关键技术创新与应用"内容之一。

5. 采收及采后处理

针对云南核桃采收成本高和采后处理技术落后等问题，保山市林业技术推广总站及云南省林业和草原科学院等单位开展了采收机械和烘烤技术研发工作，创新成果如下：①发明自走式机械往复泡核桃收获机，采收效率高，单株采收时间在20秒内，采净率达98.7%以上。②创新集成低温排湿-高温定色-低温干仁的核桃"三段式"变温烘烤技术。通过研究含水率对核桃物理特性，以及温度、风速对干燥特性的影响，建立预测核桃热风干燥过程中内部水分分布的一维非稳态传质数学模型。在此基础上，创新集成"三段式"变温烘烤技术：第一段为低温排湿，35℃ 12 小时；第二段为高温定色，50℃下 16 小时；第三段为低温干仁，30℃ 14 小时。应用该技术烘烤，每吨可节能 0.12 吨标煤、节省 2 个工时，与传统技术相比，产品质量明显改善，价格提高 1.5～3.0 元/kg。大幅提高了云南省核桃采后处理水平及干果商品价值。该项技术为 2018 年度云南省科技进步特等奖"云南核桃全产业链关键技术创新与应用"内容之一。

6. 精深加工

根据云南省核桃产业结构调整及精深加工对关键技术的迫切需求，在无国内外成熟技术和经验借鉴的条件下，昆明理工大学、云南省林业和草原科学院、云南中医学院及相关企业十多年来开展了多项核桃精深加工研究，通过技术创新和集成优化，首次明确了核桃多酚降脂、降糖功效及其作用机制，创新了核桃油高效制备技术，发明了核桃仁自动化高效蒸煮物理去皮新工艺、新技术及新装备，创新了核桃蛋白高效利用技术，创新了核桃深加工产品质控方法，开拓了核桃副产物利用新途径。在核桃功能、功效、产品研发、工艺优化、掺伪检测等方面取得了系列进展，促进了产业转型升级，确立了云南省在核桃药用价值、深加工及产业研发等方面的国际地位。该项技术为 2018 年度云南省科技进步特等奖"云南核桃全产业链关键技术创新与应用"内容之一。

四、云南核桃产业发展 SWOT 分析

（一）云南核桃产业发展的优势

1. 自然资源优势

云南气候类型丰富多样，有北热带、南亚热带等 7 个温度带气候类型，兼具低纬气候、季风气候、高原气候的特点。全省 16 个州（市）、129 个县（市、区）均有核桃分布及栽培，从年均温 4℃的德钦县到 21℃的勐腊县，从海拔 1200m 的云县到 3600m 德钦县均有核桃的自然分布。云南 94%的土地面积为山地，为核桃产业发展提供了广阔的空间。

2. 区位优势

云南地处中国经济圈、东南亚经济圈和南亚经济圈的结合部，是中国连接南亚、东南亚的国际大通道，拥有面向"三亚"（东南亚、南亚、西亚）、肩挑"两洋"（太平洋、印度洋）、通江达海的独特区位优势。2015 年 1 月，习近平总书记到云南考察工作并做了重要讲话，对云南经济和社会发展做出了"建成我国民族团结进步示范区、生态文明建设排头兵、面向南亚东南亚辐射中心"的三大战略定位。近年来，在党中央、国务院的正确领导下，云南省全力夯实对外开放的基础和平台，综合立体交通骨架网络初步形成、区域交流合作机制不断加强、开放合作平台体系日臻完善，为主动服务和融入国家发展战略打下基础、创造条件。随着国家实施"一带一路"倡议和长江经济带战略，云南正从对外开放的边缘地区和末梢变为开放前沿和辐射中心，成为国家倡议与战略实施的连接交汇战略支点，背靠中国西南腹地，北上连接丝绸之路经济带，南下连接海上丝绸之路，东向连接长江经济带，面向南亚、东南亚地区和印度洋周边经济圈开放。核桃产业是绿色、生态、安全产业，是我国对外输出技术和产品的重点领域。在云南发展核桃产业，对优化我国对外贸易结构，加大特色产品和技术对外出口起到了积极的促进作用。

3. 规模优势

截至 2017 年底，云南全省核桃种植面积达 4300 万亩、产量达 116 万吨、综合产值达 318 亿元，面积、产量、产值均居全国第一。

4. 优良品种优势

经过几十年的努力，云南省已累计选育出 104 个优良核桃品种。深纹核桃是中国西南地区的特有种和云南的主要栽培种，其起源和分布中心在云南，普通核桃主要栽培于我国北方及其他国家核桃产区。云南省林业和草原科学院研究表明：深纹核桃较普通核桃口感佳、涩味轻、耐储好，同时磷脂、维生素 E、褪黑素、黄酮、氨基酸等成分含量高。

（二）云南核桃产业发展的劣势

1. 标准体系不健全，核桃质量参差不齐

云南核桃虽然品质优良，但缺乏完善的质量标准体系，品种混杂、采收时间不适宜、烘烤质量不过关、采后处理不标准，导致质量稳定性和均一性差，市场上优质产品少，严重影响了其口碑和销路。

2. 物流成本高，缺乏专业化交易市场

核桃主要种植在山区，云南交通运输不发达、物流成本高。同时，各地基本无专业化的核桃交易市场，这些都增加了核桃销售的难度。

3. 产品品牌意识薄弱

云南核桃企业大多注重短期效益，过度关注当前效益，采取急功近利的战术，限制了品牌未来发展。创造品牌的动力不足，品牌的文化含量低。产品中缺乏文化价值，经营不考虑文化因素，消费者认知度低，品牌联想少，难以形成品牌的心理优势。

4. 产品深加工力度不足，对原果消耗量不够

加工企业规模相对较小，加工产量占总产量比例低，且大型加工企业少，产品深加工力度不足、技术含量不高。多数企业以原料供给型、资源消耗型、初级加工型为主，产业链短，产业体系不健全，产品附加值低，对整个产业的辐射性、带动性还不强。全省核桃产业仍处于以出售干果和初加工产品为主的初级阶段，核桃产品加工率仅35%，精深加工只占5.14%，而精深加工又以核桃乳为主，对原果消耗量非常低。随着核桃产量的不断增加，如何消耗大批原料将成为产业发展的巨大瓶颈。

（三）云南核桃产业发展的机遇

1. 各级政府高度重视

2014 年 12 月 26 日，《国务院办公厅关于加快木本油料产业发展的意见》（国办发〔2014〕68 号）第一次从国家层面对我国木本油料产业发展做出了全面系统的部署，充分体现了党中央、国务院对发展核桃产业、维护国家粮油安全的高度重视。作为核桃第一大省，云南省各级政府一直以来高度重视核桃产业的发展，先后制定了《云南省核桃产业发展规划（2008－2020 年）》《云南省木本油料产业发展规划（2008－2020 年）》；云南省人民政府于 2008 年出台了《云南省人民政府关于加快核桃产业发展的意见》（云政发〔2008〕129 号），2009 年出台了《中共云南省委、云南省人民政府关于加快林业发展建设森林云南的决定》(云发〔2009〕20号)和《云南省人民政府关于加快木本油料产业发展的意见》(云政发〔2009〕44号),2016年和2017年又出台了《云南省人民政府办公厅关于印发云南省高原特色农业现代化建设总体规划(2016—2020)的通知》(云政办发〔2017〕35号)、《云南省人民政府办公厅关于印发云南省高原特色现代农业产业发展规划(2016—2020年)的通知》(云政办发〔2017〕7号)、《云南省高原特色现代农业重点产业核桃产业发展"十三五"规划》。

2. 缓解粮油供给矛盾,保障国家粮油安全

近年来,随着我国消费水平的不断提高和日常饮食的改变,食用植物油的需求日益增长,由于国内植物油资源有限,每年需要从马来西亚、印度尼西亚、加拿大、阿根廷和巴西等国进口大量食用植物油以满足国内需求,年均增幅达20%以上。目前,我国食用油对外依存度已高达60%以上,且一直呈现上升态势。中国已经从大豆的世界第一生产大国变为第一进口大国,进口量早已超出了国家战略安全警戒线。随着人口的增长,国际粮油价格上涨压力不断加大,供需矛盾将进一步加剧。在我国18亿亩耕地红线岌岌可危、农业用地捉襟见肘的严峻形势下,急需加大对核桃资源的开发力度,从而缓解日益紧张的粮油供给矛盾,保障国家粮油安全。

3. 广阔的市场发展潜力

核桃味美清香,是很好的滋补品,也是制作糕点的原料,其优秀的补脑功能和丰富的营养含量,使得核桃成为备受消费者青睐的产品。据2011年联合国粮农组织调查数据显示,世界人均占有核桃0.39kg/年,中国人均占有0.82kg/年,美国人均占有1.5kg/年,云南人均占有11.7kg/年,且世界核桃人均消耗量在逐年攀升。随着经济的发展与人们生活水平的提高,居民的消费能力越来越强,对营养健康的需求越来越高,传统的营养和保健食品在一定程度上难以满足人们多样化的消费需要,而美味、营养、健康的核桃产品将越来越受到人们的关注。在国际市场上,核桃油被誉为"东方橄榄油",深受消费者欢迎,销售价格在8000~10 000美元/吨,是其他作物加工生产的油料价格的10~20倍。

(四)云南核桃产业发展的挑战

1. 国外市场竞争

据相关统计数据,近5年核桃出口量最大的是美国,占全球出口份额的47%,其次是乌克兰、智利和摩尔多瓦,作为世界第一核桃生产大国的中国,出口量却排世界第五,占世界的4%。可见美国、乌克兰、智利和摩尔多瓦均为中国在

国际市场上的强劲竞争对手,其中美国出口量约为中国的 12 倍,短期内中国赶超美国还有较大难度。

2. 国内市场竞争

中国核桃市场竞争也越来越激烈。云南核桃产量虽在国内居首位,但在种植技术水平、管理水平、优良品种引进、单产等方面都存在不同程度的劣势。例如,新疆核桃种植在平原,标准化程度高、种植管理成本低,单位面积产量远高于云南,在生产成本上较云南高原地区有较大优势;其余核桃主产区,如四川、山西、陕西、贵州、河北等,都注重品牌宣传与推广,其中,河北核桃种植面积和产量在全国排名第七,但培育了享誉全国的知名品牌"六个核桃",陕西将核桃作为陕西特产放入了所有特产商店。这些省份的生产、营销模式都给云南核桃产业带来了极大冲击。

3. 标准化产品竞争

美国、智利等核桃生产国,以及我国的新疆产区,主要生产的为普通核桃,由于在采收、采后处理及加工环节标准化程度高,果实均一性、稳定性好,产品竞争力较云南核桃强,市场占有率高,给云南核桃市场带来了极大冲击。

第二章 云南核桃生物学和生态学特性

生物学与生态学特性是经济林树种推广种植的基础，云南深纹核桃在形态特征、生物学和生态学特性上与普通核桃均有所不同，有其自身特点。

第一节　云南核桃的形态特征

云南核桃属落叶乔木，幼树树皮灰褐色，老树树皮暗褐色并具浅纵裂。侧枝青褐色，小枝青绿色或黄褐色，具白色皮孔，髓心片状。顶芽圆锥形，腋芽扁圆形，芽鳞具短柔毛。奇数羽状复叶，长 60cm 左右，叶柄基部肥大，叶痕大而明显，小叶多为 7～13 枚，顶叶较小或退化似针状，小叶卵状披针形或椭圆状披针形，先端渐尖，基部歪斜，叶缘全缘或具微锯齿，侧脉 12～23 对，基部脉腋簇生柔毛，表面绿色光滑，背面浅绿色。雄花序为柔荑花序，一般长 5～25cm，直径 1.2～2.4cm，每花序着生小花 70～130 朵，花萼 6 裂，花丝甚短，花药 2室，雄蕊 25 枚左右，花粉金黄色、细小。3 月中旬混合芽萌发抽梢，当新梢长约 5cm，径约 0.9cm 时，出现 2～4 个叶片后雌花显蕾。雌花簇生，多 2～3 朵，稀有 1 或 4 朵，偶见穗状。雌花子房下位，卵形，呈绿色，柱头上有羽毛状 2裂片，少数为 1 片或 3 片。花序轴密生腺毛，柱头两裂，初开时呈粉红色后变为浅绿色，授粉后变成黑色枯萎。果实近圆球形，黄绿色，幼果时表面有黄褐色绒毛，成熟时无毛，果面有白色腺点；坚果多为圆球形、扁圆球形，硬壳厚1mm 左右，刻纹较深，缝合线紧密、突出；内种皮黄白色，极薄；仁多为黄白色或黄褐色，少有紫色，味香醇。其形态如图 2-1 所示。

图 2-1　核桃形态

A. 树体；B. 叶；C. 雌花；D. 雄花；E. 结果状；F. 坚果

核桃雌、雄花序着生部位及外观如图 2-2 所示。

图 2-2　核桃雌、雄花序着生部位及外观

第二节　云南核桃的生物学特性

 一、物候特征

云南核桃的物候期，因其类型、品种及生长地的纬度、海拔的不同而异。在昆明地区，当气温上升到 9.8℃以后，打破了云南核桃树体的休眠，树液开始流动，开始了一年的生长发育。芽萌动期在 2 月中旬至下旬，发芽期在 3 月上旬，展叶期在 3 月中旬，新梢生长期在 3 月中旬至 5 月上旬。雄花初期在 3 月中旬，盛花期在 3 月中旬至下旬，末花期在 3 月下旬；雌花初花期在 3 月中旬，雌花盛花期在 4 月上旬，雌花末花期在 4 月中旬。果实迅速生长期在 4 月至 5 月中旬，硬核期在 6 月下旬，成熟期在 9 月上旬。落叶期在 9 月至 11 月上旬，休眠期在 11 月中旬至次年 2 月中旬。从萌动到休眠，云南核桃树体的生长期在 300 天左右，休眠期约 60 天。

 二、营养器官的生长特性与形态特征

（一）根系生长特性

云南核桃树体根系发达，为深根性树种。1～2 年生核桃树的主根生长较快，侧根生长较慢，3 年生及以后的侧根在水平方向的生长加快（图 2-3）。其侧根主要分布在 20～60cm 的土层中。核桃根系生长状况与立地条件，尤其是与土层厚薄、石砾含量、地下水位状况有密切关系。据调查，在土层板结、细土粒少，坚实度又较大的石砾沙滩地，核桃根系多分布在植穴范围内，穿出者极少。在这种条件下，10 年生的核桃树为树高仅有 2.5m 的"小老头树"。在土层深厚的种植地，80 年左右的核桃树主根深可达 5～7m，侧根伸长的半径可达 15～20m，根幅一般为树冠的 2～3 倍。

图 2-3　漾濞县麦地乡一株核桃树侧根生长状况

(二)枝干生长特性

云南核桃实生苗的茎在初期生长缓慢，随着胚根快速生长，在胚芽伸出后才逐步加快，茎干在 6～8 月生长最快。实生苗一般在 3 年后才开始分枝，枝条的生长与树龄、管理情况、营养状况及着生的部位等有关。生长势旺的核桃树一年有两次抽梢生长，即春梢、夏梢生长，很少有秋梢，长势差的核桃树一般只有一次春梢生长。

云南核桃的背下枝由于吸水能力较强，生长势往往比背上枝强，这是不同于其他树种的一个重要特性。成年树外围树冠的枝条多着生有混合芽，翌年春季其顶芽多萌生成结果枝，树冠外围结果多，内膛结果少。在落叶后至萌芽初，树枝干受损后容易产生伤流。

核桃树的枝条可分为下列几种(图 2-4)。

营养枝：又称生长枝，是着生叶芽和复叶的枝条，可分为发育枝和徒长枝两种。发育枝只抽枝不结果，它是形成骨干枝扩大树冠、增加营养面积形成结果母枝的主要枝类，健壮发育枝一般长 10cm 以上，中长发育枝为 5～10cm，短发育枝一般在 5cm 以下。徒长枝由主干或多年生枝上的休眠芽(潜伏芽)萌发而成，直立生长，节间长，生长量大，木质化程度差。根据树体的实际情况，应对其营养枝加以控制，疏除或培育成结果枝组。营养枝是老树更新复壮和培养新增结果枝组的重要枝类。

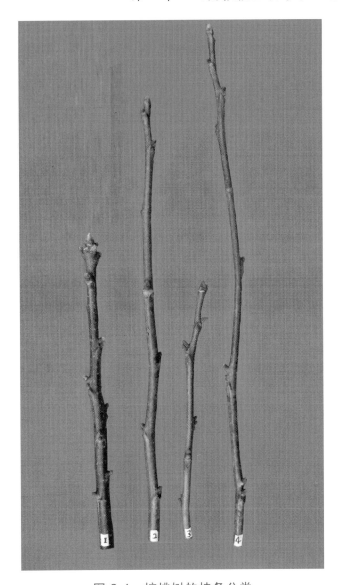

图 2-4 核桃树的枝条分类

1. 结果枝；2. 营养枝；3. 雄花枝；4. 徒长枝

结果母枝和结果枝：着生混合芽的枝条称为结果母枝；由混合芽萌发抽生的枝条顶端着生雌花的称为结果枝，分为长果枝（10cm 以上）、中果枝（5～10cm）、短果枝（5cm 以下）。

雄花枝：顶芽为叶芽，侧芽均为雄花芽的枝条称为雄花枝。雄花枝多为弱枝，在弱树或老树上较多，由于雄花消耗太多营养，为促产增收，应适当疏除雄花或雄花枝。

（三）芽的生长特性

核桃树的芽分为下列几种（图 2-5）。

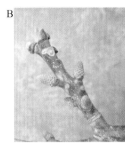

图 2-5 核桃芽

A. 叶芽；B. 雄花芽；C. 混合芽；D. 休眠芽

叶芽：萌发后只抽枝展叶的芽。

雄花芽：桑葚状，鳞片小，呈裸芽状，萌发后抽生下垂的柔荑花序。雄花芽的多少与树龄、树势等有关。雄花芽太多，会影响果实产量，应加以控制，适量疏除。

混合芽：多着生在结果母枝顶端，或枝条顶部的 2～3 个侧芽上。'云新'系列等早实核桃品种结果母枝的顶芽和中上部侧芽均可形成混合芽。混合芽圆形，鳞片紧包，萌发后抽生成结果枝，在其顶端开花结果。

休眠芽：又称隐芽或潜伏芽，位于枝条的基部或中下部。一般情况下不萌发，在枝干受损后才萌发，有利于树体更新。

核桃树各类芽的着生与排列方式甚多，有单生或叠生。有雌花芽或叶芽单生；有雌花芽、叶芽叠生；有雌花芽、雄花芽叠生；有叶芽、雄花芽叠生；有叶芽叠生；有雄花芽叠生等。

(四)叶的形态特征

云南核桃的叶为奇数羽状复叶，小叶 7～13 片，少数 15～17 片，'云新'系列等早实核桃为 5～11 片(有的顶生叶片退化)。叶片披针形或卵状披针形，基部圆形或椭圆形，长 5～18cm，先端渐尖或锐尖，侧脉通常 15 对以下，通常全缘，少数有锯齿(图 2-6)。

图 2-6 云南核桃的叶片

A. '漾濞泡核桃'叶片；B. 铁核桃叶片

从'漾濞泡核桃'和铁核桃叶片的横切面结构中可以看出(图 2-7),云南核桃具有明显的栅栏组织和海绵组织,是典型的异面叶。栅栏组织为 1～3 层,细胞为长柱状,靠近上表皮的第一层栅栏组织细胞间隙较小,细胞分层排列,紧密且较规则,而第二、第三层相对间隙变大。海绵组织细胞位于栅栏组织和下表皮之间,多为短柱状,相互连接成网。

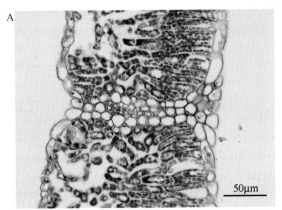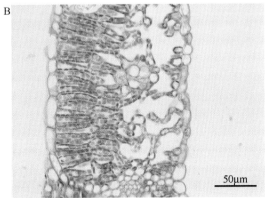

图 2-7　核桃叶片解剖结构

A. '漾濞泡核桃'叶片的横切面;B. 铁核桃叶片的横切面

三、繁殖器官及有性生殖过程

(一)开花结果特性

1. 开花特性

云南核桃属雌雄同株异花树种,分为雌先型、雄先型和雌雄同熟型三种类型。雌雄花期多不一致,雌花先开的称为雌先型,雄花先开的称雄先型,雌雄花同开的称为雌雄同熟型。云南核桃品种大多为雄先型,其次为雌先型,雌雄同熟型品种较少。雄先型核桃品种雄花比雌花早开 15 天左右,在同一株树上雄花开放也会有先后,相差 3～5 天。雌先型比雄先型品种雌花期早 5～8 天,雄花期晚 5～6 天。在漾濞地区雄花期为 3 月上中旬,雌花期为 3 月下旬至 4 月上旬。

未授粉雌花 1～2 周后柱头才陆续枯萎,授粉后 1 周左右柱头枯萎。

'云新'系列和北方引进的早实核桃品种,具有二次开花的特性,但数量较少,二次花的类型多种多样,既有单性花序也有雌雄同序(图 2-8)。雌雄同序是指花序下部是雌花、上部是雄花。

云南核桃多数品种雌雄花期不遇,自花授粉困难。在大面积规模化、品种化的栽培中,为使品种授粉充分,坐果率高,必须合理配置授粉树。核桃雄花

图 2-8　二次开花

为风媒花，且数量多(每花序有 180 万粒花粉)，可随风飘浮。在风速的推动下，花粉的飞翔能力很强。1978～1980 年，云南省林业和草原科学院漾濞核桃研究院曾做过核桃花粉传粉距离试验，将收集花粉的玻片放在不同的距离，在距离核桃树 1km 外的地方，仍可收集到核桃花粉。云南核桃花粉在自然状态保存 7 天的发芽率为 21.8%～22.2%，23 天的发芽率为 1.3%～1.5%，25 天后完全丧失生活力。云南大部分核桃园均配置多个品种(类型)，园区周边大多分布有铁核桃资源，加之地势和气候差异，基本可保证核桃树正常授粉坐果。

2. 结果特性

(1)开花结果年龄　云南核桃一年生嫁接苗定植后，一般 5～8 年开始结果，大多结果前 1～2 年便会出现雄花。'云新'系列及引进的北方早实核桃品种，嫁接苗定植后一般 3 年内就全部开花结果。为了扩展根系、壮大树体、丰产稳产，前 3 年需疏除花果。

(2)果枝率和坐果率　云南核桃发枝力较弱，一般平均每结果母枝发枝 1.5～1.7 条，多为中长果枝。结果枝主要以顶枝为主，占 90%左右，侧枝结果只占 10%左右；果枝率为 37.41%～40%，坐果率为 73.6%～85.0%，平均每果枝坐果 1.92～2.50 个；一枝一果占 5%，一枝二果占 25%，一枝三果占 65%，一枝四果占 5%；核桃是阳性树种，外缘结果占 80%以上，内膛结果仅占 10%左右。核桃结果状见图 2-9。

'云新'系列及北方引进的早实核桃品种的发枝能力较强，平均每结果母枝可抽生 3～4 枝，多为中短果枝，果枝率为 80%左右，以侧枝结果为主，占 85%，顶枝结果仅为 15%左右；一枝一果占 10%～15%，一枝二果占 80%～95%，一枝三果以上占 15%左右。每果枝平均坐果 2.1～2.4 个，坐果率在 85%左右。外缘结果较多，占 60%～70%；内膛结果较少，占 30%～40%。早实核桃有二次开花，还有很少穗状花序和穗状结果现象，但多数果实发育不良。

图 2-9　云南核桃结果特性

A. 一枝一果；B. 一枝二果；C. 一枝三果；D. 一枝四果；E. 一枝五果；F. 一枝六果；G. 串果

（3）孤雌生殖　　核桃通过自花授粉、异花授粉及孤雌生殖（单性结果）均可坐果。云南核桃的孤雌生殖率一般在 2.91%～12.69%，'云新'系列及引进北方早实核桃品种均有一定的孤雌生殖结果能力，孤雌生殖率为 4.08%～43.7%。

（4）生理落果　　云南核桃均有生理落果现象，明显生理落果有两次，第一次发生在 4 月下旬至 5 月上中旬，主要由授粉后的幼果个体差异及发育不良所致，约占 5%；第二次发生在 7 月下旬至 8 月中旬，此时果实正处在生长发育、营养物质积累转化时期，需要足够的养分供给，若营养供给不充足，有少量果实因营养不良而受到严重影响，导致淘汰落果（农民称其为水皮核桃）。

（5）大小年结果　　大小年结果的现象是核桃在生长过程中对营养积累和消耗的一种生理调节自我保护的本能，由核桃生理遗传及栽培管理水平所决定。果粮间作核桃园，每年在进行正常的土地深翻、施基肥、追肥、松土除草等土壤管理情况下，核桃大小年结果周期一般为 3 年，即丰年－歉年－平年－丰年；若集约化管理，大小年结果现象不明显，丰、歉年悬殊小；若管理差，大小年的周期会更长，丰年和歉年的悬殊会增大。

(二)雄花生长发育

云南核桃的雄花芽是在前一年的 4 月发芽抽新梢时，在果枝和营养枝的叶腋间形成的。其物候期主要分以下几个阶段(图 2-10)。

图 2-10　雄花物候期
A. 雄花芽膨大期；B. 雄花芽伸长期；C. 雄花初花期；
D. 雄花盛花期；E. 雄花末花期；F. 雄花落花期

雄花芽膨大期：2 月中上旬，树体萌动后雄花芽开始膨大。

雄花芽伸长期：2 月下旬至 3 月上旬，雄花芽花序开始延长。

雄花初花期：3 月中旬，雄花芽由卵圆形膨大，苞片开裂，伸长为圆柱体，下垂为柔荑花序，花药发亮，呈黄绿色，雄花序基部小花开始散粉，并向前略有延伸。

雄花盛花期：3 月中旬，花药呈橙黄色，并开裂大量散粉，雄花序上着生的小花基本全部开放，有 60%开放散粉。

雄花末花期：4 月上旬，花粉大部分散完，仅在花序顶端尚存少许，花药干枯呈深灰色或黑色，占 70%，并有少数花序脱落。

雄花落花期：4 月上中旬，花序大部分落完。

（三）雌花生长发育

雌花起源于混合芽的生长点原基，混合芽产生于当年抽生的结果枝果柄下方的顶芽或侧芽顶端。于晚秋进入休眠的生长点，在整个冬季保持平顶或微凹的状态，或最多有苞片和花被原基分化，但在芽开放之前 14 天内迅速生长和进一步分化。雌花物候期分以下几个阶段（图 2-11）。

雌花显蕾期：2 月下旬至 3 月上中旬，混合芽萌发抽梢，当新梢长约 5cm、粗约 0.9cm 时，出现 2～4 片叶后，雌花显蕾，有 25%果枝显蕾时，即为雌花显蕾期。

图 2-11　雌花物候期
A. 雌花显蕾期；B. 雌花初花期；C. 雌花盛花期；D. 雌花末花期

雌花初花期：3 月中下旬，雌花柱头分开，初露，略带粉红色，花枝顶端有 30%的雌花柱头张开时，即为雌花初花期。

雌花盛花期：4 月上旬，子房膨大，雌花柱头显露略反卷，与子房中轴成 45°，粉红色，充满腺液。花枝顶端有 70%的雌花柱头张开时，即为雌花盛花期。

雌花末花期：4 月上中旬，80%雌花柱头反卷，腺体逐渐干枯变黑，即为雌花末花期。

（四）传粉与授精

1. 花粉的发芽率和生命力测定

花粉是核桃繁衍后代的雄配子体，与核桃遗传育种、栽培有十分密切的关系。对核桃花粉发芽率及生活力的了解，有助于提高人工杂交育种效果、人工辅助授粉效果，从而合理配置授粉树；同时也为花粉的贮藏及运输提出可行有效的方法。云南省林业和草原科学院于 1979～1980 年对云南省 3 个核桃类型，即泡核桃、夹绵核桃、铁核桃，以及从新疆引入云南的新疆早实核桃（'云林 A7 号'）进行了核桃花粉发芽率和生命力的测定(图 2-12)。

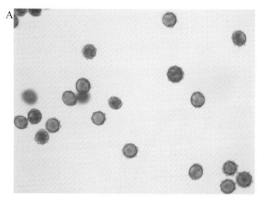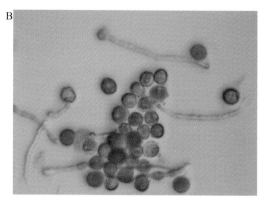

图 2-12　花粉萌发

A. 花粉 TTC 染色；B. 花粉在固体 M3 号培养基上的萌发

（1）核桃花粉发芽率的测定

1）花粉采集与处理。

A. 花粉采集：当雄花序基部小花开放时，采回花序置于室内通风阴凉而干燥的地方，供试用。

B. 处理：取供试雄花序花粉，去掉杂质，收藏在玻璃瓶内，置于冰箱内贮存，温度定为 3℃。

C. 检查：培养 48 小时后检查其是否发芽。

2）不同蔗糖浓度培养基中花粉发芽率情况。测定结果表明（表 2-1）：核桃花粉发芽率与蔗糖浓度有关，无论是泡核桃、铁核桃、夹绵核桃，还是新疆早实核桃，当蔗糖浓度为 10%时花粉平均发芽率最高，达 40.4%；蔗糖浓度为 5%时平均发芽率为 32.9%；浓度为 15%时平均发芽率较低，为 29.7%；蒸馏水中平均发芽率最差，为 26.1%。

表 2-1　不同蔗糖浓度培养基中花粉发芽率情况

| 蔗糖浓度 /% | 温度 /℃ | 培养时间 /小时 | 各类型核桃花粉发芽率/% | | | | 平均发芽率 /% |
			泡核桃	铁核桃	夹绵核桃	新疆早实核桃（'云林 A7 号'）	
5	20	48	28.5	36.9	34.6	31.5	32.9
10	20	48	46.0	46.5	37.6	31.5	40.4
15	20	48	30.2	39.0	29.4	20.1	29.7
对照(蒸馏水)	20	48	24.5	25.4	27.8	26.6	26.1

3）不同核桃类型的花粉发芽率情况。不同核桃类型，不同蔗糖浓度，在20℃下恒温培养48小时，4组核桃类型的平均花粉发芽率为27.7%～40.8%，铁核桃花粉平均发芽率最高，为40.8；泡核桃和夹绵核桃分别为34.9%和33.9%；新疆早实核桃最低，为27.7%（表2-2）。

表 2-2　不同核桃类型的花粉发芽率情况

核桃类型	不同蔗糖浓度的花粉发芽率/%			平均发芽率/%
	5%	10%	15%	
泡核桃	28.5	46.0	30.2	34.9
铁核桃	36.9	46.5	39.0	40.8
夹绵核桃	34.6	37.6	29.4	33.9
新疆早实核桃	31.5	31.5	20.1	27.7

4）不同温度下的花粉发芽率情况。温度是花粉发芽的必要条件之一。从试验结果可以看出，核桃花粉发芽率以恒温条件下 20℃效果最好，25℃次之，室温（21℃）效果最差。因室温条件下早、中、晚有一定温差（4℃左右），不利于花粉发芽，可见适宜的恒温对花粉发芽有利，见表2-3。

表 2-3　不同温度与花粉发芽率的关系

温度/℃		蔗糖浓度/%	培养时间/小时	各类型花粉发芽率/%			平均发芽率/%
				泡核桃	铁核桃	夹绵核桃	
恒温	20	10	48	46.0	46.5	37.6	43.4
	25	10	48	42.1	39.8	36.8	39.6
室温	21	10	48	22.7	18.1	23.9	21.6

（2）核桃花粉生命力测定　　花粉生命力即其维持受精寿命的能力，受遗传基因、环境条件等因素的影响。为了解核桃花粉在自然状态下生命力的变化规律，提高授粉杂交效率，解决雌雄花期不遇问题，并探索花粉储运方法，有必要进行核桃花粉自然飘落到核桃树或其他树的枝叶后生命力与发芽率的测定。

1）测定方法。

A．采集不同类型的核桃雄花序分别自然储存于室内通风、阴凉、干燥的地方。

B．配制培养基：采用琼脂1%，硼酸1/5000，蔗糖浓度10%，配成培养基。

C．根据试验设计时间，取雄花序散放后收集的花粉及核桃树（干、枝、叶）上的花粉，用毛笔蘸取均匀地涂在有培养基的载玻片上，放入培养皿中（皿底部放有潮湿滤纸），加盖后置于20℃恒温箱内培养。

D．检查：培养48小时后检查发芽情况，统计 4～6 个视野，按（发芽花粉数/花粉总数）×100%计算花粉发芽率。试验结果如下（表2-4）。

表 2-4　核桃花粉在自然状况下储存的生命力

花粉储存方法	核桃类型	自然存放不同时间(天数)花粉的发芽率/%												
		0	1	3	5	7	9	11	13	15	17	19	23	25
带花序采集	泡核桃	46.0	45.3	25.4	23.2	21.8	19.9	17.2	13.4	7.5	4.7	1.6	1.4	0
	铁核桃	46.0	40.6	23.9	22.2	22.2	17.8	16.6	8.8	7.1	5.2	3.2	1.3	0
	夹绵核桃	42.5	41.9	25.8	22.2	21.9	20.0	14.9	13.9	4.9	3.8	2.6	1.5	0
	新疆早实核桃	43.7	42.2	41.1	32.9	21.3	19.6	13.2	11.4	7.5	5.2	0		
核桃树上	泡核桃			20.3						3.5		2.5	0	
	铁核桃			10.9						2.9		2.5	0	
	夹绵核桃			10.9						4.2		2.6	0	

2)试验结果。

A. 核桃花粉生命力的强弱、寿命的长短因核桃类型(或品种)及所储存的环境不同而异。带花序储存的泡核桃、铁核桃及夹绵核桃的花粉自然存放 23 天后,发芽率为 1.3%~1.5%,25 天后完全丧失生命力。新疆早实核桃('云林 A7 号')的花粉存放 17 天后,发芽率为 5.2%,19 天后完全丧失生命力。核桃树干、枝、叶面上的花粉,19 天后发芽率为 2.5%~2.6%,23 天后完全丧失生命力。

B. 花粉的生命力和发芽率随着时间的推移而下降,当天采集的花粉发芽率为 42.5%~46.0%,存放 23 天后发芽率为 1.3%~1.5%,25 天后完全丧失生命力。

云南省主栽的核桃为'漾濞泡核桃',属雄先型,在雄花开放后 15 天左右雌花才开放,雌雄花期不遇。过去认为在同一地区的'漾濞泡核桃'不能天然授粉,现根据试验结果可知'漾濞泡核桃'花粉生命力较强,不但能与同一地区的铁核桃、夹绵核桃、小泡核桃等相互授粉,还能利用花序中残存的花粉及散落在核桃树上的花粉,进行授粉。

另外,根据核桃花粉生命力的情况,在进行杂交育种及辅助授粉时,根据花粉生命力及储存条件,可进行远距离运输和利用。据美国加利福尼亚大学试验报道,核桃花粉储藏在 0℃,湿度 40%的条件下,一个月内授粉仍可坐果;花粉在-19℃冷藏箱内,储藏一年仍有生命力。这进一步说明,影响核桃花粉生命力的因素,除本身遗传特性外,主要是温度和湿度。

2. 传粉

根据云南省林业和草原科学院试验结果可知,核桃花粉借助风力,在距树体 1000m 处还能收集到花粉。核桃花粉的飞散量及飞散距离与风速有关,在一定距离内,花粉飞散量随风速增大而增加;在一定风速下,花粉飞散量又随距离增加而减少。在成片核桃林或配置有授粉树的情况下,自然条件下可满足授粉的需要。在无授粉树条件下,则应辅以人工授粉。

3. 受精

核桃的雌花系单胚珠，花粉萌发后只有极少数花粉管到达胚珠，花粉过多易引起柱头失水，不利于花粉萌发。授粉最佳时期，应以雌花柱头反卷、上面有晶亮的分泌液时为宜。核桃雌花的胚珠着生于胎座上，珠心表皮4～5层细胞下的孢原细胞直接发育形成大孢子母细胞，大孢子母细胞经过两次减数分裂分别形成二分体和纵向排列的四分体，四分体发育形成单核胚囊，由单核胚囊经过减数分裂形成二核胚囊、四核胚囊最终形成八核胚囊。核桃为双授精，即花粉管释放出两个精子，分别趋向卵和中央核而后完成受精过程。

(五)果实发育过程

云南核桃的雌花授粉后约15天合子开始分裂，迅速分化出胚轴、胚根、子叶及胚芽，从授粉到坚果成熟约150天。云南核桃的果实发育分为4个时期。

果实速长期：4月上旬至5月中旬，约45天。此期间果实的体积、重量迅速增长，胚囊不断扩大，核壳逐渐形成，仁色白而嫩，为液体状。

硬核期：6月下旬至7月中旬，约30天。核壳从顶端向基部逐渐硬化，种核内隔膜、褶壁的弹性及硬度逐渐增加，壳面呈现刻纹，硬度加大，核仁渐呈白色，为半固体状。

油脂转化期：7月中旬至8月下旬，约50天。果实大小定型，果实内部营养物质迅速积累，油脂迅速转化，重量仍在增加，核仁不断充实饱满，种仁的水分下降，呈固体状，油脂不断上升，核仁风味由甜变香。

果实成熟期：大多在9月上旬至9月下旬，果实重量略有增加。果实青皮的颜色由绿变黄，向阳的果皮会出现红色，有少量果实的青皮出现裂口，坚果容易剥出，果实表现出生理与自然的成熟状态，白露前后成熟采收。

第三节　云南核桃的环境条件

云南核桃适应性较强，但必须遵循适地适良种的栽培原则。

云南位于北纬21°8′～29°15′，东经97°31′～106°11′，面积39.4万km²。云南是个多山的省份，山地占土地面积的94%，山间盆地和河谷仅占6%，广阔的山地为云南发展核桃产业奠定了坚实基础。

云南核桃栽培历史悠久，分布、栽培范围较广，适应性较强，在云南16个州(市)、129个县(市、区)均有不同程度的分布及栽培。由于云南地处云贵高原，山川纵横，地形地势非常复杂，从南部的红河哈尼族彝族自治州河口瑶族自治县(简称河口县)境内，红河与南溪河交汇处海拔76.4m，到西北部德钦县内梅里雪山主峰卡瓦格博海拔6740m，海拔差达6663.6m。云南又处低纬度地区，加之北高南低的地势和错综复杂的地形，形成了"四季不分明，干湿季明显"的独特高原季风性气候。11 月至翌年 4 月为干季，晴天多，日照足，雨量少，日温差大；5～10 月为雨季，雨量充沛，多集中在 7～9 月，日温差小。由于地势地形复杂和海拔的变化，在气温上也形成了很大反差：如云南中部元江哈尼族彝族傣族自治县(简称元江县)河谷地区年平均温度达 24℃以上，而西北部的德钦地区仅为 4.7℃。复杂的地形地势又会形成多种特殊的小气候，人们常称云南"四季无寒暑，有雨便成冬""一山分四季，十里不同天"，这就是云南高原上独特的季风性多样性"立体气候"。

云南地处高原，纬度低，光热资源丰富，全省大部分地区日照时数在 2000～2500 小时，日平均气温≥10℃持续时间较长，除少数地区外，一般都在 300 天以上。有利于各种核桃类型和品种的生长。

云南土壤类型丰富，几乎所有植物都能在这里找到自己扎根的土壤。地势地形的复杂性和多样性，造就了气候和土壤的多样性，从而孕育出了云南核桃丰富的类型和品种，种质资源十分丰富，为云南核桃产业的发展提供了宝贵的财富。发展核桃须遵循适地适良种的科学种植方法，才能实现丰产、优质、增效的目标。现将影响云南核桃生长发育的几个主要生态因素简述于下。

 一、温度

温度不但影响云南核桃的生长、开花、结果、产量和质量，还关系着核桃的生存与死亡，是核桃生态环境中的关键因素之一。突发性的低温伤害，特别是遭遇 3～4 月的倒春寒(–5℃)，新梢、花和果都会受冻，造成枯梢、落花及落果，进而导致减产或绝收。云南核桃是比较喜温的阳性温带干果树种。不同的云南核桃类型和品种对温度的要求有所不同。

泡核桃类型的'漾濞泡核桃''大姚三台核桃''华宁大白壳''大沙壳核桃''昌宁细香核桃'等一些传统的优良核桃品种要求在气候温凉的生态环境中生长，在年平均温度 12.7～16.9℃，最适年均温 15℃左右的滇中、滇西、滇西南海拔 1600～2200m 的地区生长良好，产量高、质量好。在年均温 18～22℃，海拔 1000～1400m 的西双版纳景洪、德宏傣族景颇族自治州芒市等地区，由于纬度和海拔较低，年平均温度较高，这些泡核桃良种表现出营养生长过旺，树体高大、冠幅开展、枝叶茂盛，树龄 10 多年的核桃树结果很少或不结果；另外，由于年均温偏高、花芽分化困难，同时气温高，蛀干害虫天牛、木蠹蛾危害严重，此种生态气候不适宜传统的泡核桃良种生长。而在年均温 10～12℃，海拔 2300～2400m 的滇东北、滇西北寒冷地区，泡核桃生长不良，新栽的嫁接苗在冬天会被冻伤或冻死，已成年的核桃树结果少，果实发育不良，种壳发育不全会露仁，不饱满；在初春遇到−5℃的低温，新梢、花枝、果枝会被冻枯，少结果或不结果。

铁核桃及夹绵核桃类型在云南自然分布很广，适应性强，特别是铁核桃的适应性更强，年均温在8～20℃的地区都有自然分布，生长良好。

'云新'系列及从北方引进的早实核桃品种，对气温适应范围较广。'云新'系列核桃在滇中、滇西、滇东、滇东北及滇西北海拔1400～2400m，年均温7～22℃的地区生长发育良好，尚未出现冻伤、冻死和不结果的现象。多年来已在贵州、四川、广西、湖南、湖北等地推广面积达500多万亩，说明'云新'系列早实核桃适应的气候范围较广。北方引入的早实核桃品种在云南已栽培多年，由于北方和云南气候生态环境差异较大，这些核桃品种虽在云南气温适应范围大，也未发现苗木或成年树被冻伤冻死情况，但多数生长不良、易衰老、产量低、品质差。

 二、光照

光照参与核桃叶片的光合作用，能制造营养、维持生命，因而对核桃树的生长发育具有明显的影响，俗话说"万物生长靠太阳"，核桃是喜光的阳性树种，当其进入结果期后更需要充足的光照条件。年日照时数在2000小时以上的地区，才能保证核桃的正常生长发育，如低于1500小时则结果不良，影响核桃发育，降低坚果品质。尤其在年生长期内，日照时数与强度对核桃生长、花芽分化、开花结果有重要影响。当日照充足时，有利于核桃树当年的萌芽、展叶、抽梢、开花结果，对其果实产量、质量的提高极为有利。当光照不足时，种植过密而郁闭的核桃园，生长、结果差，果实产量低，品质差，同一株树只有外冠结果，内膛结果很少。因此，在栽培中选地、确定株行距和整形修剪等方面均应考虑采光问题。

云南省30年地面气候资料显示，漾濞县的光照时数及光照度都较适合核桃生长，其日照时数为年均2222.5小时，年均日照率为51%，其中，5～10月占41%，11月至次年4月占59%，全年太阳辐射度为36.2kcal/cm^2。全县晴天时间为68.6天，频率为19%；云天时间为156.3天，频率为43%；阴雨天时间为140.1天，频率为38%。

在核桃幼果发育期，如遇较强的光照，会造成果实灼伤，青果上部受伤后变黑、腐烂，果仁不饱满，产量下降。若果实已发育成熟，向阳面会发红。

 三、地形、地势

核桃适于在土层深厚、湿润、背风向阳、缓坡的条件下生长。种植在阴坡，尤其是坡度过大和迎风坡面上，树势往往生长不良，故而产量低，甚至成为"小老头树"。在同一地区，不同坡向、海拔对核桃的生长与产量都有一定影响（表 2-5，表 2-6）。

表 2-5   不同坡向核桃长势及其产量比较

坡向	树高/m	胸径/cm	新梢值/cm		平均单株产量/粒	出仁率/%
			长	粗		
阳坡	10.0	35.5	9.84	0.94	4000	56.5
半阴坡	11.1	35.0	6.77	0.83	2000	56.4

数据来源：云南省林业和草原科学院漾濞核桃研究院

表 2-6   不同海拔 20 年生'漾濞泡核桃'生长势及产量比较

海拔/m	树高/m	胸径/cm	果枝率/%	单株产量/粒	百粒重/g	出仁率/%	核仁出油率/%
1720	9.8	27.2	19.6	1124	1369	53.9	75.3
1850	11.7	45.2	70.8	3887	1322	53.2	73.9
2470	10.2	29.0	52.5	1200	1200	55.6	67.3

数据来源：云南省林业和草原科学院漾濞核桃研究院

 四、土壤

核桃适宜在肥沃的土壤上生长。因核桃根系发达，在肥沃的土壤上，吸收养分多、树势健壮、结果多、产量高、品质好；生长在瘠薄的土壤上，则营养不足、长势差、结果少、果实小、产量低、品质差。在云南除了过于离散的砂土、黏重的黏土和石块过多过大的地方外，其他质地土壤均可种核桃。生产实践表明，在疏松肥沃、地下水位低、排水良好的土壤上，核桃根系生长旺盛；而在地下水位高的黏土或石砾多的山地，根系生长不良，侧根少，主根长度只相当于肥沃土地上同龄树的 35.0%~77.8%，侧根数量只有肥沃土地的 8.0%~18.4%。云南核桃分布的土壤类型主要有红壤、黄壤、棕壤、紫色土等，尤以土层深厚、土壤湿润、有机质含量高、土质肥沃、理化性质好，以及保水、排涝均良好的砂质壤土最为理想。土层厚度 1m 以上时生长良好，土层过薄则根系浅，影响树体发育，容易"枯梢"且不能正常结果。

核桃树所需的一切养分和水分主要是由根系从土壤中吸收的，因此不但要求土壤中的根系深而广，还要为根系吸收养分和水分的活动创造有利条件。土壤深层通气良好有利于根系分布，也有利于对养分的吸收，所以在建园初期需要采取深耕、施用有机肥、改良土壤等措施，这虽然消耗大量的人力与物力，但对以后核桃的长期生长发育有利。

核桃喜肥，只有在各种养分都满足的情况下才能正常生长、发育、结果，否则会长成"小老头树",或连年枯梢,不能形成产量,因此要在核桃生长的不同时期根据核桃的需肥量进行施肥。核桃喜钙,在含钙的微碱性土壤上生长良好,土壤适宜的 pH 范围为 6.3～8.2,最适 pH 为 6.4～7.2。

 五、水分

水分是核桃的生命线,会直接或间接地影响核桃树的生长和果实发育,是核桃栽培中与温度、光照同等重要的因素。核桃的生长发育需要大量的水分,尤其是果实发育期,更要有充足的水分供应。土壤过度干旱,常会引起大量落花落果,或叶片凋萎,从而减少营养物质的制造和积累。云南核桃主产区的年降水量为 800～1200mm,在冬春降水量较多的年份,核桃树生长良好、产果量高、质量好、病害少。而在降水量少的地区或是冬季降水量较少的年份,旱季适量灌水,可减少因干旱而造成的落花落果、生长不良。云南核桃又是不耐水涝的树种,土壤水分过多、通气不良,会使核桃树的根系生理机能减弱,造成生长不良,甚至根腐而死。因此,在选择核桃种植地时应尽量选择能灌能排的地块,以便进行排灌管理。

云南气候干湿季明显,干季中 2～5 月正值核桃萌动发芽、开花结果时期,若冬春降水量较少,土壤含水率低,则会影响核桃正常发育。因此,在有条件的地方,开沟引水或建水窖,并在 2～5 月给核桃园灌水 3～4 次,可减少因干旱而造成的生长发育不良、落花落果,确保丰产增收。

 六、风

云南核桃是抗风力较弱的树种,风也是影响树体生长发育的因素之一。在冬春季节多风的地区,生长在迎风坡面上的核桃树,由于频发有力的风的作用,树冠被吹偏,开花、结果时节影响授粉,土壤水分被风吹走造成土壤干燥,因此核桃生长不良、产量低,甚至无收成。所以选地及栽培时应加以注意,可选风较小的地块为种植地或在种植园周围营造防护林等。但适宜的风量、风速有利于核桃树授粉,增加产量。

核桃栽培是一个综合的生物工程,因此在选择栽培环境时,必须高度、全面地注重所选地区的温度、光照、水分及土壤等因素。

第三章 云南核桃的分布与栽培区划

核桃的分布十分广泛，是世界上非常古老的经济林树种，因其经济、生态、社会效益颇高，所以分布遍及亚洲、欧洲、北美洲、南美洲、非洲及大洋洲六大洲。中国现有核桃属植物 8 种，包括中国北方产区的普通核桃和南方产区的深纹核桃。

区划是生产力布局和管理调控的基础依据，对云南深纹核桃进行区划，是发展云南核桃产业的前提条件。

第一节 核桃分布概况

 一、世界核桃分布概况

据联合国粮农组织 2017 年统计，全世界有 50 余个国家生产核桃。亚洲的主产国有中国、伊朗和土耳其；欧洲的主产国有乌克兰、法国和罗马尼亚；美洲的主产国有美国、墨西哥和智利；非洲的主产国是埃及。从六大洲来看，亚洲居于领先地位，其次是欧洲，然后为美洲、非洲和大洋洲。亚洲的核桃产量占世界总产量的半数以上，美洲和欧洲的核桃产量各占近 20%，非洲和大洋洲的核桃产量很小，二者共占不到 2%。2016 年世界主要核桃产区核桃收获面积统计表和 2016 年世界主要核桃产区核桃产量统计表分别见表 3-1 和表 3-2。

表 3-1 2016 年世界主要核桃产区核桃收获面积统计表（FAO）

国家和地区	面积/万亩	国家和地区	面积/万亩
阿富汗	5.92	吉尔吉斯斯坦	2.09
阿根廷	7.27	黎巴嫩	1.89
亚美尼亚	2.51	卢森堡	0.02
澳大利亚	15.57	墨西哥	125.27
阿塞拜疆	4.60	黑山	0.62
白俄罗斯	8.04	摩洛哥	10.69
比利时	0.27	尼泊尔	2.83
波斯尼亚和黑塞哥维那	3.77	新西兰	0.81
巴西	5.11	巴基斯坦	2.56
保加利亚	9.42	秘鲁	0.10
智利	46.45	波兰	4.20
中国	730.51	葡萄牙	4.97
克罗地亚	8.10	韩国	0.86
塞浦路斯	0.32	摩尔多瓦	23.64
捷克	0.26	罗马尼亚	2.51
埃及	7.01	塞尔维亚	7.18
法国	30.51	斯洛伐克	0.29
格鲁吉亚	3.50	斯洛文尼亚	0.41
德国	8.32	西班牙	13.94
希腊	22.20	瑞士	2.57
匈牙利	7.02	北马其顿	10.10
印度	46.50	土耳其	130.28
伊朗	230.46	乌克兰	19.80
伊拉克	1.99	美国	191.21
意大利	6.01	乌兹别克斯坦	8.44
哈萨克斯坦	0.62	全球	1779.60

表 3-2　2016 年世界主要核桃产区核桃产量统计表(FAO)

国家和地区	产量/吨	国家和地区	产量/吨
阿富汗	6 515	意大利	12 368
阿根廷	11 942	哈萨克斯坦	1 051
亚美尼亚	4 140	吉尔吉斯斯坦	6 626
澳大利亚	3 701	黎巴嫩	1 872
奥地利	1 369	卢森堡	26
阿塞拜疆	9 319	墨西哥	141 818
白俄罗斯	16 654	黑山	698
比利时	395	摩洛哥	10 006
不丹	321	尼泊尔	7 952
波斯尼亚和黑塞哥维那	3 905	巴基斯坦	14 171
巴西	5 453	秘鲁	294
保加利亚	4 959	波兰	7 215
智利	73 529	葡萄牙	4 315
中国	1 785 879	韩国	1 135
克罗地亚	279	摩尔多瓦	13 825
塞浦路斯	146	罗马尼亚	34 095
捷克	91	塞尔维亚	15 610
埃及	24 330	斯洛伐克	9
法国	39 410	斯洛文尼亚	5 570
格鲁吉亚	3 600	西班牙	14 576
德国	18 203	瑞士	2 507
希腊	22 571	北马其顿	5 147
匈牙利	5 978	土耳其	195 000
印度	33 000	乌克兰	107 990
伊朗	405 281	美国	607 814
伊拉克	1 619	乌兹别克斯坦	53 116
		全球	3 747 549

　　亚洲主要分布在中国、伊朗、土耳其、阿富汗、印度、韩国、乌兹别克斯坦和吉尔吉斯斯坦等国。

　　欧洲主要分布在法国、意大利、瑞士、比利时、西班牙、希腊、保加利亚、捷克、斯洛伐克、匈牙利、波兰、奥地利、乌克兰、白俄罗斯、摩尔多瓦、格鲁吉亚、阿塞拜疆及亚美尼亚等国家。

　　北美洲主要分布在美国、墨西哥；南美洲主要分布在阿根廷、巴西、智利和秘鲁；大洋洲分布在澳大利亚、新西兰；非洲主要分布在埃及和摩洛哥。

　　从核桃垂直分布高度来看，中国西藏海拔最高，达 4200m，阿富汗为 2700m，吉尔吉斯斯坦为 2300m，土耳其为 2000m，伊朗仅为 1400m。多数国家栽培在缓坡山地、丘陵上，海拔悬殊不大，只有中国核桃栽培分布海拔差极为明显。

深纹核桃主要分布在中国西南和毗邻的印度和尼泊尔等国，其在中国的垂直分布高度为300m（贵州）到3300m（西藏）。

 二、中国核桃分布概况

（一）水平及垂直分布范围

中国分布及栽培的核桃主要有两个种，即普通核桃和深纹核桃。从全国核桃（含普通核桃及深纹核桃）栽培分布情况来看，水平分布从东经75°15′的新疆塔什库尔干到东经124°21′的辽宁丹东，跨49°06′；纬度从北纬21°29′的云南勐腊县到北纬44°54′的新疆博乐，跨23°25′。从海拔来看，从低于海平面30m的新疆吐鲁番布拉克村到海拔4200m的西藏拉孜，海拔差达4230m。按中国行政区划来看，全国除蒙、沪、琼、台4省（自治区、直辖市）外，云、新、川、陕等30个省（自治区、直辖市）均有核桃栽植。

（二）中国核桃栽培区划

根据我国地理、气候和社会环境等因素，把核桃（包括深纹核桃）划分为东部沿（近）海、西北、新疆、华中华南、西南和西藏六大分布区。

东部沿（近）海分布区：包括辽东半岛及辽西，河北坝下以南全境及北京和天津，山东全境，河南洛河以北地区，安徽及江苏北部。

西北分布区：包括山西全境，陕西秦岭以北地区及秦岭以南的汉中、安康及商洛地区，甘肃武威地区及其以西的张掖、酒泉、陇南、天水地区，青海东北部的黄河和湟水河谷区。

新疆分布区：包括南疆的和田、喀什、阿克苏地区，北疆的天山北麓，准格尔盆地西南的伊宁、霍城、新源3县及天山东端的吐鲁番地区。

华中华南分布区：包括湖北全境，湖南北部及西部，广西中部、西部的忻城、都安、河池、靖西、那坡、田林等地区。

西南分布区：包括云南全省，贵州的毕节、大方、威宁、赫章、织金、六盘水、安顺、息烽、遵义、兴仁、普安等地区，四川西部的西昌、巴塘、德昌、会理、盐源及米仓山和大巴山南麓的平武、安县、江油、青川及剑阁等地区，重庆市的城口、巫溪、奉节等地区。

西藏分布区：包括藏南雅鲁藏布江沿岸日喀则至林芝地区、藏东横断山脉，以及西藏西部、北部的贡觉、左贡、芒康等地区。

（三）普通核桃和深纹核桃两个主要栽培种的分布区域

普通核桃主要分布在黄河流域的黄土高原上，包括秦岭、巴山和太行山，河北省内军都山、燕山，辽宁省内的松岭、千山，山东省内泰山、蒙山等，多分布在矮山、低山及丘陵、台地上。在新疆南部的和田、喀什、阿克苏等地区的绿洲上也分布栽培着大量的北方核桃。至今新疆伊犁仍保存生长着小面积的野生北方核桃林。

深纹核桃主要分布在金沙江、澜沧江、怒江、雅鲁藏布江及岷江流域，以云、贵两省及川西最为集中，与桂、湘、藏的毗邻地区也有少量分布。其具体分布区是云南、四川、西藏、贵州、湘西南、广西百色及河池等地。

▶▶ 三、云南核桃分布概况

云南核桃主要分布栽培在云贵高原的十大山脉及五大水系(图3-1)。十大山脉，即横断山、高黎贡山、怒山、云岭、无量山、哀牢山、乌蒙山、雪盘山、老别山及邦马山。五大水系，即金沙江、澜沧江、元江、怒江及南盘江，形成大小江河万余条。云南核桃就生长在这些高山河谷中。按经纬度分，从北纬21°08′32″的勐腊县到北纬29°15′08″的德钦县，跨越8°06′36″；从东经97°31′39″的盈江县至东经106°11′47″的富宁县，跨越8°40′08″的地域都有核桃分布与种植。按海拔分，从700m的耿马、屏边到3600m德钦，垂直高度相差2900m的地带都有核桃分布栽培，以海拔1600～2500m处的核桃生长较好，最适宜海拔1700～2200m。

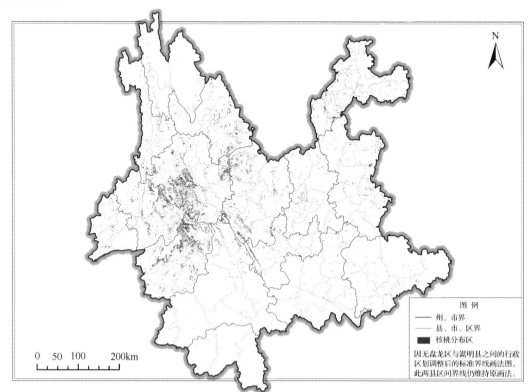

图3-1 云南核桃分布图

云南由于山川纵横，地形地势十分复杂，在山间谷地形成许多缓坡地、台地、平坦山地、山间盆地、江河两岸冲积地等。这些土地除种植农作物外，也是核桃的主要分布和栽培区。山区人民为了充分利用这些土地，因地制宜、见缝插针，有成片规范化种植，也有零星种植在田边、地角、路边、沟边、房前屋后、山腹、山凹、江河两岸等多种栽培模式。核桃在云南分布、栽培范围极其广泛，基本实现了适宜生长的地方都在发展种植。

云南主要分布和栽培的是深纹核桃，以中、晚实泡核桃良种为主，其次是云南省林业和草原科学院培育出的 5 个'云新'早实杂交新品种，部分冷凉地区也种植新疆核桃。

从行政区划来看，云南省 16 个州(市)129 个县(市、区)都有不同程度的核桃分布栽培。核桃主要分布栽培在大理、临沧、楚雄、保山、昭通等州(市)，栽培面积在 100 万亩以上的有永平、凤庆、昌宁、云龙、隆阳、漾濞 6 个县(区)。

核桃已成为云南第一大经济作物，成为惠及全省广大山区群众的重要产业，在山区经济发展、精准扶贫、社会稳定中的重要性日益凸显。

第二节　云南核桃栽培区划

 一、区划主要依据与原则

核桃栽培区划是实现核桃适地适良种、科学化栽培的关键。核桃品种栽培区划的主要依据是地理气候生态环境因素、核桃生物学特性因素及地区社会因素，同时兼顾核桃种群(品种)的一致性、行政区域的完整性及栽培面积的大小等。

(一)区划主要依据

1. 地理气候生态环境因素

任何生物的生存、生长、发育都与自然生态环境有着十分密切的依存关系。核桃对生态环境的要求比较严格，影响核桃生长的地理气候生态环境因素很多，包括地形、地势、纬度、经度、海拔、年平均气温、1 月均温、7 月均温、≥10℃积温、年降水量、平均相对湿度、年日照时数、极端最低温、极端最高温及无霜期或有霜期等，这些因子均与自然生态环境有着密切的关系。除了地理气候因素外，与立地条件中的土壤类型也有关系。

2. 核桃生物学特性因素

云南由于地形地势复杂，同一品种的核桃常因经度、纬度及海拔的不同，其物候期、生长发育期、结实等也存在明显差异。

(1)不同海拔(垂直区域)'漾濞泡核桃'主要生物学性状比较　　1981 年，

云南省林业和草原科学院漾濞核桃研究院在漾濞县马厂乡(北纬 25°41′、东经 99°58′)设置了三个海拔对'漾濞泡核桃'进行花期观察,结果见表 3-3。从试验结果可以看出,在花期、果实成熟期和果实品质几个方面都存在差异。

表 3-3　不同海拔'漾濞泡核桃'花期观测结果

地点	海拔 /m	雄花开花时间			雌花开花时间		
		初花期	盛花期	末花期	初花期	盛花期	末花期
古米幺	1850	3 月 19 日	3 月 24 日	3 月 26 日	3 月 30 日	4 月 5 日	4 月 11 日
麂子坪	2130	3 月 24 日	3 月 28 日	3 月 31 日	4 月 5 日	4 月 11 日	4 月 18 日
马鹿塘	2500	4 月 2 日	4 月 6 日	4 月 9 日	4 月 6 日	4 月 16 日	4 月 27 日

1)花期差异:从古米幺海拔 1850m 到麂子坪 2130m,海拔差 280m,雄花初花期延后 5 天,盛花期延后 4 天,末花期延后 5 天。从古米幺海拔 1850m 到马鹿塘海拔 2500m,海拔差 650m,雄花初花期延后 14 天,盛花期延后 13 天,末花期延后 14 天。'漾濞泡核桃'的雄花期,无论是初花期、盛花期还是末花期,均随海拔上升,出现不同程度延后(4~14 天)。核桃雌花 3 个花期(初花期、盛花期、末花期)同样随海拔升高,延后 6~16 天。

2)果实成熟期差异:古米幺在 9 月初(白露前 10 天)就开始采收,而麂子坪在 9 月 15 日(白露后 10 天)左右才采收,比古米幺推迟 10 天左右;马鹿塘在 9 月 30 日前后才采收,比麂子坪推迟 15 天左右,比古米幺推迟 20~30 天。

3)果实品质差异:不同的海拔,核桃的品质差异较大。古米幺的海拔较低,核桃种壳就稍厚,约 1.2mm,种仁饱满,出仁率 50%左右,含油率高达 75%;麂子坪核桃种壳较薄,约 1.0mm,种仁饱满,出仁率 55%左右,含油率达 70%;马鹿塘海拔较高,核桃种壳薄,为 0.5~0.7mm,甚至种壳发育不完全,出现露仁现象(农民称其为绵羊皮核桃),种仁欠饱满,出仁率 60%左右,含油率在 60%左右。从以上三个试验点分析核桃品质可知,海拔 2130m 的麂子坪的核桃品质较好,1850m 的古米幺次之,2500m 的马鹿塘较差。

(2)不同水平区域'云新高原'核桃生物学性状比较　　1997 年,云南省林业和草原科学院在临沧、昆明、丽江设置了三个试验点,对'云新高原'核桃芽膨大期及嫁接时间进行观测,结果如表 3-4 所示。

表 3-4　不同地点核桃芽膨大期和嫁接时间

地点	经度(E)	纬度(N)	海拔/m	芽膨大期	嫁接时间
双江县邦木村	99°48′	23°28′	2100	1 月 30 日	1 月下旬至 2 月底
昆明市双龙乡	102°41′	25°01′	2130	2 月 15 日	2 月中旬至 3 月底
丽江市林业科学研究所	100°13′	26°52′	2400	2 月 25 日	2 月下旬至 3 月下旬

从试验结果可看出，'云新高原'核桃在双江拉祜族佤族布朗族傣族自治县（简称双江县）邦木村芽膨大期在 1 月 30 日左右；在昆明市双龙乡为 2 月 15 日，在海拔相近的情况下，纬度升高 1°33′，芽膨大期推迟 15 天左右；而在丽江市林业科学研究所，海拔较高（2400m），纬度比双江县高 3°24′，其芽膨大期为 2 月 25 日，比双江县推迟 20 余天。可见，纬度不同芽膨大期时间也不同，随纬度升高物候期出现推迟。

从表 3-4 也可看出：双江县核桃嫁接时间是在 1 月下旬至 2 月底，昆明市双龙乡核桃嫁接时间在 2 月中旬至 3 月底，比双江县推迟 15～20 天，而丽江市林业科学研究所核桃嫁接时间在 2 月下旬至 3 月下旬，比双江县推迟 25～30 天。可见，纬度不同核桃嫁接时间也有差别，随着纬度和海拔升高，嫁接时间出现不同程度延迟。

在不同的地理气候、生态环境中，核桃的生长、发育、开花结果、产量、质量等生物学特性有明显差异，不同核桃类型、品种的生物学特性也不尽相同，这些都是核桃栽培区划的依据和应遵循的自然规律。

3．地区社会因素

核桃栽培地区社会因素主要包括：当地土地资源情况，人力、物力与财力情况，交通运输及市场销售情况等。栽培区划前，需调查栽培地区社会主要因素的优势、劣势，提出区划可行性及规模，以高瞻远瞩的眼光，遵照自然规律的科学态度，准确区划好各个品种的栽培地区。

（1）土地资源情况　　调查了解当地土地资源状况，充分合理安排好土地。根据核桃生命周期长、见效慢等特点，以长远眼光来选择栽培区划土地，绝不做"今日栽树明日挖树"的事情。

（2）人力、物力与财力情况　　核桃是"三分栽七分管"的干果树种，而且管理周期长、见效慢，必须持续投入人力、物力及财力。所以在栽培区划前，必须调查清楚劳动力、财政现状等，做好充分的人力、物力及财力准备，不能半途而废。

（3）交通运输及市场销售情况　　选择栽培区划的地方，除上述条件外，还要交通方便。从近期来看，进行栽培区划后，要方便核桃基地建设的各种物资、人员进入；从长远考虑，要方便今后核桃的各种产品外运销售。

在进行核桃栽培区划选择地区时，首先要具有高瞻远瞩的眼光和实事求是的精神，正确评估区划地点周边消费市场及远距离营销市场的近期和远期潜力，判断消费市场是否有光明的前途。

（二）区划原则

为实现核桃分布栽培区划的预期目标，体现区划后的科学性、可操作性、实用性和准确性，实现核桃产业基地建设的适地适良种、良种化、规模化、标准化、集约化，实现不同区域的品牌化，真正把核桃产业做大做强，根据云南省上千年来核桃分布栽培的实际情况，区划按照下列原则进行。

1. 遵循自然规律原则

区划应根据各地自然地理环境及品种资源，结合当地核桃发展需求来制定，指导核桃生产的区域化和良种化。

2. 统一性、完整性和连续性原则

云南省核桃分布栽培广泛，但不规整，分布与行政区域相互交错。因此区划要体现独特性、完整性，不能出现同区跨带现象，云南省地形复杂，立体气候明显，局部气候条件变化较大，为保持区划的完整性，对于地形、气候差异不是十分明显的地方，可用划分亚区的方法来解决。

3. 规模化原则

核桃某个品种或某些品种的栽培区划，必须具有一定的栽培规模，才能划为栽培分布区。如只是引种试种或对某些新品种进行栽培区试，面积过小可暂不考虑进行栽培区划。

 二、栽培区划

云南核桃主要品种栽培区划，应根据各主要核桃品种现实分布和栽培实际情况，结合地理气候类型、土壤类型及自然历史等综合因素进行科学、客观的区划。

云南核桃划分为6个栽培区(图3-2)，13个栽培亚区，分别是：滇西分布栽培区，包括大理中南部、保山亚区和德宏亚区；滇西南、滇南分布栽培区，包括临沧、普洱北部亚区和西双版纳、普洱南部亚区；滇中分布栽培区，包括楚雄亚区和昆明、玉溪亚区；滇东北分布栽培区，包括曲靖、昭通南部亚区和昭通北部亚区；滇西北分布栽培区，包括丽江、大理北部亚区，迪庆亚区和怒江亚区；滇东南分布栽培区，包括红河亚区和文山亚区。各分布栽培区、亚区生态条件及分布栽培状况介绍如下。

(一)滇西分布栽培区

该区行政区域包括大理、保山及德宏3个州(市)(图3-3)。该分布栽培区是云南省核桃主产区域之一，现有栽培面积1500万亩左右，产量40万吨左右，栽培面积、年产量均居全省第一。该区分布适宜栽培的核桃品种主要是'漾濞泡核桃'，其次是'昌宁细香核桃''娘青核桃''圆菠萝核桃''鸡蛋皮核桃''小泡核桃'及'云新'系列核桃等10多个品种，也有夹绵核桃和铁核桃分布。该分布栽培区分为两个亚区。

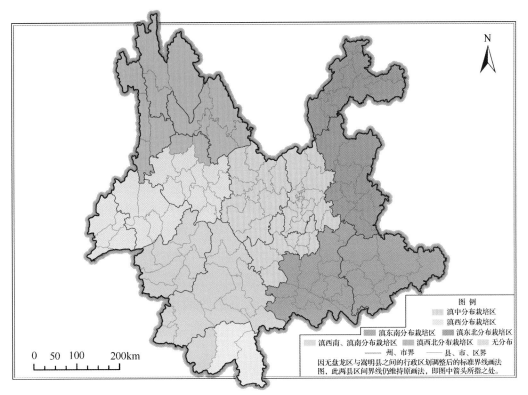

图 3-2　云南核桃区划图

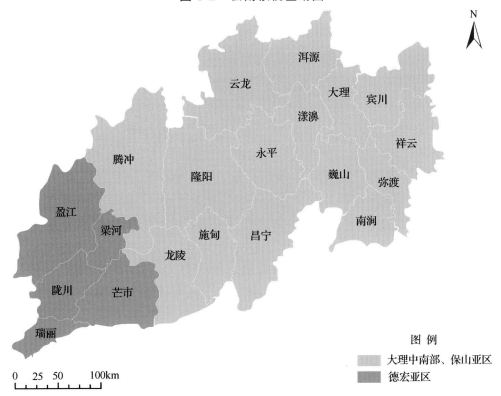

图 3-3　滇西分布栽培区

1. 大理中南部、保山亚区

该亚区位于东经 98°52′～101°03′，北纬 24°41′～26°42′，包括的行政县(市)有：大理中南部的大理、漾濞、永平、云龙、巍山、弥渡、南涧、祥云、宾川、洱源 10 个县(市)；保山市的隆阳、施甸、昌宁、龙陵、腾冲 5 县(区)。境内地势北高南低，海拔最高点为大理市苍山马龙峰，海拔 4122m，最低点为云龙县怒江东岸的红旗坝，海拔 730m。山河多呈南北纵列，西部有怒江、澜沧江，东部有金沙江，中部有洱海。

(1)气候　　属亚热带高原季风气候。年平均气温 14.0～21.3℃，1 月平均气温 6.6～13.9℃，极端最低气温-8.5～0.2℃，7 月平均气温 19.5～26.3℃，极端最高气温 30.5～40.3℃，降水量 568.3～2105.7mm，蒸发量 1460.3～2968.0mm，年日照时数 1975.5～2706.3 小时，≥10℃积温 3941.2～7775.0℃，有霜期 8.4～105.5 天。气候特点冬暖夏凉、干湿季明显。

(2)植被和土壤　　该亚区地处滇中高原之西的横断山地段，该地段自然分布的森林为半湿性常绿阔叶林。树种主要为银叶栲、元江栲、滇青冈、曼青冈、桢楠、木荷等；林下灌木多为南烛、杜鹃、铁仔、光叶柃、醉米花杜鹃、炮仗花杜鹃等；地面草本植物常见有野姜、红果莎草、兔耳风、四脉金茅等。该亚区植被指示出适宜种植核桃的地方较多。

该亚区土壤深厚，在海拔 2000～2600m 的山区多为红壤、紫色土、红土、羊肝土、黄红壤、黄泥土及砂土等，是核桃主要分布及栽培的海拔区域。海拔 2600m 以上是黄棕壤、草甸棕壤及高山草甸土，主要是针叶林生长区域。

(3)分布与栽培　　该亚区是云南省核桃分布栽培历史最悠久的区域之一，有 2000 多年的栽培历史，是我国及云南省核桃重点主产区之一，也是最早采用核桃无性繁殖的地区之一。

该亚区所辖 15 县(市、区)均有核桃分布及栽培。面积在 100 万～150 万亩的有永平、云龙、漾濞、昌宁、隆阳 5 个县(区)；面积在 50 万～99 万亩的是弥渡、祥云、南涧、洱源及巍山 5 个县；最少的为大理市，有 30 余万亩。从垂直分布栽培来看，从海拔较低的漾濞县龙潭乡 1200m，到较高的漾濞县点苍山西麓马鹿塘 2500m 左右的山箐、丘陵、山地及四旁，都有核桃栽培品种和野生铁核桃的分布。在该亚区，核桃适宜分布栽培的海拔是 1700～2200m。

该亚区现有核桃种植面积超过 1500 万亩，结果面积近 700 万亩，随着时间的推移，结果面积将日渐递增。目前该亚区核桃年产量 40 万吨左右，按年产量由多到少排序为：永平、漾濞、云龙、南涧、巍山、昌宁、隆阳、弥渡、宾川、洱源、祥云、大理、腾冲、龙陵和施甸。无论是核桃栽培面积、年生产总量，还是产值，该亚区均居全省第一位。

该亚区气候温和、雨量充沛、土壤湿润肥沃，是核桃适宜生长区。核桃类型有泡核桃、夹绵核桃及铁核桃。该亚区主要为泡核桃类型，适宜栽培的品种有'漾濞泡核桃''昌宁细香核桃''大姚三台核桃''圆菠萝核桃''鸡蛋皮核桃''小泡核桃''火把糯核桃''木瓜核桃''大尖嘴核桃''鸡飞香茶核桃'，以及'云新'系列、'漾杂'系列、'漾江'系列、'保核'系列等品种（系）。主栽良种是'漾濞泡核桃'，亚区内15个县（市、区）均有不同程度栽培，最多的是永平、漾濞、云龙、昌宁、隆阳、南涧及巍山等，其他品种根据气候、土壤的要求也有适量的发展。该亚区也有夹绵核桃类型和铁核桃类型分布，夹绵核桃以'娘青核桃'为主，主要分布于海拔1800～2400m的区域；铁核桃在该区域天然分布较多，适应性强，多生长在山箐、山沟，散生或成林分布在海拔1000～3000m的地方。

该亚区核桃经营栽培在全省处于较高水平。栽培模式有果粮间作、规范化栽培及四旁种植三种，果粮间作模式是目前最主要的栽培模式，占总栽培面积的70%～80%，该模式产量高、品质优、效益好；规范化栽培模式相对较少，仅占5%～10%，要求面积大、地形地势较平整、经营水平高，大多为核桃专业合作社等经营主体采用；四旁种植模式在该亚区随处可见，占10%左右。

在20世纪50年代以前，该亚区除果粮间作模式以耕代抚进行管理外，基本上放任生长、管理粗放。从20世纪70年代后才逐步进行树体整形修剪、园地深翻施肥、合理间作及病虫防治等。但总体来看，核桃栽培管理技术措施还比较粗放，有待进一步提高。

2. 德宏亚区

该亚区位于云南省西部，东经97°31′～98°43′，北纬23°50′～25°20′，西、南两面紧邻缅甸，包括芒市、瑞丽2市，盈江、梁河及陇川3县。境内山高谷深，自东北向西南倾斜，河谷多平坝。最高海拔为北部大娘山主峰3323m，最低海拔为西部边境210m的沙拉河谷与穆雷江交汇处。境内自北向南江河有盈江、南畹河、龙江及芒市河等。

（1）气候　　属南亚热带雨林气候。年平均气温18.3～20.1℃，1月平均气温11.0～12.1℃，极端最低气温-2.9～-0.6℃，7月平均气温22.8～24.2℃，极端最高气温34.0～36.8℃，年降水量1384.7～1634.9mm，年蒸发量1708.7～1929.9mm，有霜期0.9～28.3天，年日照时数2310.0～2402.0小时，≥10℃积温6208.4～7300.0℃。气温偏热。

（2）植被和土壤　　该亚区位于滇西南，在海拔1000m以下主要生长亚热带季风常绿阔叶林，并有较多的热带林木。其自然森林树种为白穗石栎、多穗石栎、硬斗石栎、落叶栎树、槭、山樱桃等，次生林树种以旱冬瓜、云南松为主。

该亚区土壤深厚，土壤母质多为由千枚岩、片岩、紫色砂页岩及砂岩等发育而成的砖红壤、山地红壤、山地黄红壤及棕壤等。

(3)分布与栽培   在历史上，德宏亚区不是云南核桃主要分布区，是20世纪末随云南核桃产业发展而带动发展的新区。目前核桃种植面积40余万亩，投产面积7万亩左右，产量不足万吨。该亚区雨量充沛、热量充足，是热区作物的主产区，核桃只适宜在海拔2000m左右的温凉山区适量发展，主要零星种植在山地及田边地角。主栽品种为泡核桃类型中的'漾濞泡核桃''大姚三台核桃'和'云新'系列核桃等。

栽培管理措施方面，除果粮间作模式管理较好外，其他种植模式均比较粗放。

(二)滇西南、滇南分布栽培区

该区包括临沧、普洱及西双版纳3个州(市)(图3-4)，是云南省核桃分布栽培主产区之一。全区有核桃面积700余万亩，产量29万吨左右，核桃面积、产量居云南省第二位。该分布栽培区分为两个亚区。

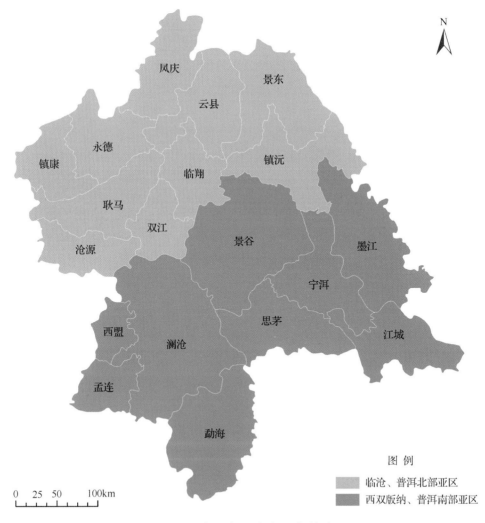

图 3-4   滇西南、滇南分布栽培区

1. 临沧、普洱北部亚区

该亚区位于云南西南部，东经 99°05′~107°36′，北纬 23°09′~24°36′，西南与缅甸接壤，包括临沧市辖的临翔、凤庆、云县、镇康、耿马、双江、沧源、永德 8 个县(区)，普洱北部的景东和镇沅 2 个县。海拔最高为中部永德境内的大雪山 3504m，海拔最低为西南部的南汀河出境处 450m。该亚区地势高峻，自东北向西南倾斜，地形较复杂。

(1)气候　属亚热带山地季风气候。年平均气温 16.6~21.7℃，1 月平均气温 10.4~14.5℃，极端最低气温-4.3~2.2℃，7 月平均气温 20.4~25.6℃，极端最高气温 32.1~41.2℃，年降水量 906.4~1772.3mm，年蒸发量 1565.5~2302.2mm，有霜期 2.7~38.3 天，年日照时数 1901.0~2230.3 小时，≥10℃积温 5604.2~7848.0℃，总体看来气温有点偏热。

(2)植被和土壤　该亚区属南亚热带季风常绿阔叶林区，植被主要组成是刺斗石栎、硬斗石栎、瑞丽桢楠、滇青冈、银木荷、樟叶樱，林下灌木有厚皮香、乌饭、杜鹃等。植被指示出有些地方适宜核桃种植。

该亚区土壤深厚，成土母质主由紫色砂岩、黄色砂岩、石灰岩等风化发育而成，多为砖红壤、山地红壤、红棕壤、黄红壤、紫色土、红土及羊肝土等。

(3)分布与栽培　该亚区核桃栽培历史悠久，是云南省核桃主产区之一。仅临沧市核桃栽培面积就有 600 余万亩，已投产面积 300 余万亩，盛果期结果面积 120 余万亩，总产量 20 万吨左右。

栽培面积大于 100 万亩的有凤庆和云县，栽培面积在 50 万~100 万亩的有临翔、永德、景东、镇沅，栽培面积小于 50 万亩的有双江、镇康、耿马、沧源。从垂直分布栽培来看，海拔 1300~2500m 均有核桃分布，其中最适宜海拔为 1600~2300m。

该亚区核桃类型有泡核桃、夹绵核桃及铁核桃，主要为泡核桃类型，适宜栽培的主要品种有'漾濞泡核桃''大姚三台核桃''昌宁细香核桃''华宁砂壳核桃''大白壳核桃''圆菠萝核桃''娘青核桃'，以及云南省林业和草原科学院选育的'云新'系列核桃品种(系)及大理白族自治州林业科学研究所选育的'漾杂'系列核桃品种(系)，主栽良种是'漾濞泡核桃'，区内 10 个县(市)均有不同程度栽培。由于该亚区气候温和，冻害较少，适宜种植核桃品种较多，可选择丰产、优质的良种进行种植。

该亚区也分布有夹绵核桃类型和铁核桃类型。夹绵核桃中大多为实生繁殖，也有少数是嫁接繁殖。铁核桃在该区域天然分布较多，适应性强，多生长在山箐、山沟，散生或成林分布，个体之间差异较大。

该亚区也有特异资源，如凤庆县水箐乡'大夹绵核桃'，结果枝中有 5%~10%枝条粗大扁平，似人的手背，结果呈葡萄穗状，每枝结果 30~100 个，果实个大(30g 左右)、仁色黄白、饱满，发育良好。有芽变迹象，值得研究。

该亚区核桃经营栽培水平一般，除极少部分进行集约化栽培和果粮间作栽培外，其余栽培管理均比较粗放。通过提高经营管理水平，该亚区增产潜力巨大。

2. 西双版纳、普洱南部亚区

该亚区位于云南省西南部，东经 99°09′～102°19′，北纬 22°20′～23°59′，东南与老挝相邻，西南与缅甸接壤。包括西双版纳傣族自治州(简称西双版纳)的勐海县，普洱南部的思茅、宁洱、景谷、墨江、澜沧、西盟、江城、孟连 8 个县(区)。境内地形以山区为主，北高南低，海拔最高点为北部的猫头山 3306m，海拔最低点为李仙江出口处 329m。澜沧江、把边江、阿墨江等河流自西北向东南流贯过境。地形地势较复杂，垂直差异明显。

(1)气候　　属亚热带气候，南中亚热带山地湿润季风气候。年平均气温 15.3～22.1℃，1 月平均气温 10.5～16.1℃，极端最低气温−5.4～−2.7℃，7 月平均气温 17.5～25.4℃，极端最高气温 28.9～41.1℃，年降水量 1161.8～2764.1mm，年蒸发量 1384.0～2218.6mm，有霜期 0.5～13.1 天，年日照时数 1837.1～2218.6 小时，≥10℃积温 5190.5～7792.0℃。多数地区气候偏湿热。

(2)植被和土壤　　该亚区中的普洱南部地处滇中南的中山地区和河谷区，海拔 1500m 以下生长南亚热带季风常绿阔叶林，其上逐渐被半湿性常绿阔叶林取代，主要植被树种为元江栲、黄毛青冈、石栎、山胡椒、木荷、红木荷等，常混生有落叶树种大叶栎、槲栎、栓皮栎。林下灌木丰富，有野八角、铁仔、杜鹃、乌饭、南烛、桧木、荚蒾等。次生森林多为旱冬瓜林、云南松林，在海拔 1800m 左右有思茅松林的生长分布。植被指示出有些地方可种植核桃。西双版纳地处热带雨林边缘，以山地雨林为代表，全区仅有南糯山和洪山较高，海拔分别为 1840m 和 2226m，森林类型属南亚热带季风阔叶林向中山湿性常绿阔叶林过渡。树种以刺栲、印栲、红木荷、银叶栲、蒴藜栲占优势。林内还混交樟木、楠木、润楠、木姜子等。遭破坏后的森林为疏林状，常有大型禾草，如大菅、大白茅、大野古草、四脉金茅成丛生长。从植被生长种类来看，该亚区绝大部分地区不适宜种植核桃，仅有极少数地区可种植，如勐海县滑竹梁子，海拔在 2000m 左右，适量种植。

该亚区土壤深厚，成土母质主要由千枚石、片岩、牛麻岩、花岗岩及紫色砂岩发育而成，多为砖红壤、山地红壤、山地黄红壤等。

(3)分布与栽培　　该亚区不是云南省核桃传统栽培区，其中西双版纳不属于云南核桃发展种植区域，历史上未大力发展过核桃。在 20 世纪 90 年代至 21 世纪初由于云南掀起种植核桃热潮，在勐海县高海拔区域开始进行引种栽培。

该亚区所属 9 个县(区)均有规模栽培，按其面积、产量由大到小排序为：

墨江、澜沧、宁洱、景谷、西盟、思茅、江城、孟连、勐海。该亚区核桃主要栽培在无量山、哀牢山、猫头山腹地、滑竹梁子的山坡中上位，垂直栽培分布在 1500～2200m。

该亚区气候热、雨量大、土壤湿润肥沃，是核桃发展新区。核桃类型有泡核桃、夹绵核桃及铁核桃，主要为泡核桃类型。适宜栽培的主要品种有'漾濞泡核桃''大姚三台核桃''娘青核桃'及'云新'系列核桃品种（系）。其中，'漾濞泡核桃'和'大姚三台核桃'占 90%左右，是该亚区分布栽培发展的主要良种。

该亚区除极少部分果粮间作栽培外，其余栽培管理均比较粗放，大多在山坡地及四旁种植核桃，放任生长。因此，通过提高经营管理水平，该亚区增产潜力巨大。

（三）滇中分布栽培区

该区行政区包括楚雄、玉溪及昆明 3 个州（市）（图 3-5），是云南省核桃主要分布栽培区之一，全区核桃面积 700 万亩，产量 12 万吨左右，居云南省第三位。该分布栽培区分为两个亚区。

1. 昆明、玉溪亚区

该亚区位于云南省中部，东经 101°58′～103°10′，北纬 23°26′～25°35′，包括昆明市的盘龙、五华、官渡、西山、东川、安宁、呈贡、富民、宜良、晋宁、嵩明、禄劝、石林、寻甸 14 个县（市、区），玉溪市的红塔、华宁、澄江、易门、通海、江川、元江、新平及峨山 9 个县（区）。海拔最高点为西部哀牢山主峰大雪锅山 3137m，海拔最低点为南部元江出境处 328m。本区地形复杂，西部多山岭峡谷，东部间有盆地与平坝，是云南经济较发达的地区。

（1）气候　　属亚热带高原季风气候。年平均气温 12.3～23.7℃，1 月平均气温 6.2～16.8℃，极端最低气温-15.8～-0.1℃，7 月平均气温 16.6～28.6℃，极端最高气温 31.2～42.3℃，年降水量 704.9～1179.8mm，年蒸发量 1068.4～3453.0mm，有霜期 0.1～76.9 天，年日照时数 2000.8～2353.3 小时，≥10℃积温 3537.2～8687.0℃。冬春较干燥，时有倒春寒冻害发生。

（2）植被和土壤　　该亚区具有典型的半湿润亚热带常绿阔叶林，其中元江县受元江干热河谷气候影响，植被主要组成是滇青冈、元江栲、滇石栎、黄毛青冈、银叶栲等，其他各县（区）林内混交少量的滇油杉、亮叶桦、槭、滇青冈、银木荷、云南桢、红果树、滇桢楠、滇玉兰、珊瑚冬青、大果冬青、鸡嗉子果、山樱等树种。林下多见梁王茶、箭竹、云南含笑、南烛、米饭花、水红木、梁王茶、厚皮香、南烛、越橘、碎米花杜鹃、老鸦泡、马缨花、光叶枒、红果莎、野姜、金茅等。该亚区岩溶地段以喜钙的滇朴、冲天柏、黄连木、清香木、薄皮鼠李、铁仔、黄连刺、岩花椒、黄毛青冈、栓皮栎等为常见树种。

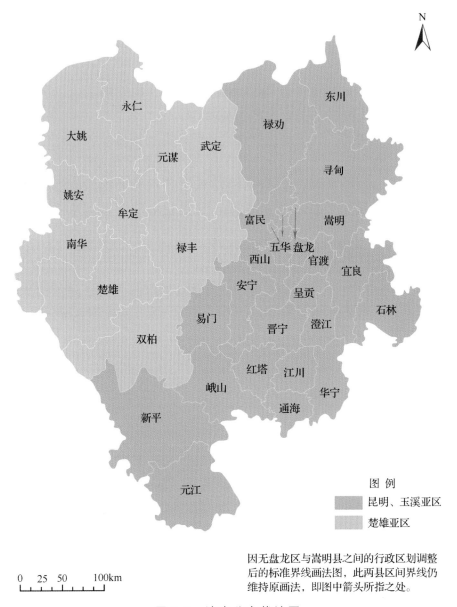

图 例

　　昆明、玉溪亚区

　　楚雄亚区

因无盘龙区与嵩明县之间的行政区划调整
后的标准界线画法图,此两县区间界线仍
维持原画法,即图中箭头所指之处。

图 3-5　滇中分布栽培区

　　该亚区土壤深厚,成土母质主要由石灰岩、紫红色页岩、玄武岩和砂岩发育而成,多为山地红壤、红棕壤、紫色土、棕壤等。

　　(3)分布与栽培　　该亚区中玉溪市核桃栽培发展历史悠久,该市各县(区)核桃品种、种质资源、自然状况等均不同,其核桃栽培发展水平也不均衡。其中,新平、华宁 2 县是云南省核桃种植大县,元江属于干热河谷地区,核桃栽培较少。昆明市属于云南省核桃发展栽培的新区,在 1949 年前后,除城区内的五华和盘龙外,其他县(区)均仅有零星的核桃分布,但不成规模、产量少。目前该亚区栽培面积 180 万亩,产量 2.5 万吨左右。按栽培面积、产量进行排序,主产区为新平、华宁、禄劝、寻甸、东川。从垂直分布栽培来看，该亚区从海拔较低的新平县水塘镇现刀村丙额小组 810m，到海拔较高的华宁县通红甸乡所梅早村么波冲 2410m 的山箐、丘陵、山地及四旁，都有核桃的栽培品种和野生铁核桃分布，适宜栽培的海拔是 1500～2400m。

该亚区核桃类型有泡核桃、夹绵核桃及铁核桃，主要为泡核桃类型，适宜栽培的主要品种有'漾濞泡核桃''大姚三台核桃''华宁大砂壳核桃''华宁大白壳核桃''鲁甸大麻 1 号''鲁甸大麻 2 号''娘青核桃'、'圆菠萝核桃'及'云新'系列核桃品种(系)和少量北方'香玲核桃'等泡核桃品种。主栽核桃良种是'漾濞泡核桃''大姚三台核桃''华宁大砂壳核桃''华宁大白壳核桃'，根据气候、土壤的要求，其他品种也有适量发展。该亚区也有夹绵核桃类型和铁核桃类型零星分布，适应性强，多生长在山箐、山沟。

该亚区核桃经营栽培在全省处于较高水平。果粮间作模式占总面积的 80% 左右，在山坡及四旁种植的核桃树一般土壤和树体管理较粗放。

2. 楚雄亚区

该亚区位于云南省中北部，东经 101°14′～102°52′，北纬 25°01′～26°03′，北邻四川省，包括楚雄、元谋、南华、牟定、武定、大姚、双柏、禄丰、永仁及姚安 10 个县(市)。多数地区位于滇中高原，海拔 1120.2～1968.1m，西部山高谷深，东部丘陵起伏，盆地零星散布。

(1)气候　　主要属于亚热带季风气候，立体气候特征明显。年平均气温 14.9～21.7℃，1 月平均气温 7.2～14.9℃，极端最低气温-8.4～-0.8℃，7 月平均气温 19.2～22.9℃，极端最高气温 31.0～37.7℃，年降水量 630.2～987.7mm，年蒸发量 1926.8～3510.3mm，有霜期 1.0～77.4 天，年日照时数 2232.1～2803.7 小时，≥10℃积温 4590.2～7986.0℃。气候略干燥。

(2)植被和土壤　　该亚区以半湿润常绿阔叶林为典型森林类型。北部向金沙江河谷倾斜，受河谷干热气候影响，主要植被组成以壳斗科的滇青冈、银叶栲、元江栲、黄花青冈、包石栎、滇石栎为主，也有银木荷、云南樟、滇桢楠、滇玉兰等混交。落叶树种以鸡嗉子果、野樱、槭、桦、黄连木多见。林内还有珊瑚冬青、梁王茶、野八角、厚皮香、光叶枪等灌木。向阳坡面及次生林分多为云南松、松栎混交林，阔叶树种是黄毛青冈、锥连栎、旱茅等。在山沟堑处还见旱冬瓜呈小片状分布。分布有栎类、云南松、旱冬瓜等指示树种，表明有核桃生长适宜区。

该亚区土壤深厚，成土母质主要由石灰岩、紫红色页岩、玄武岩和砂岩发育而成，多为山地红壤、棕壤及紫色土等。

(3)分布与栽培　　该亚区核桃栽培历史悠久，是云南省核桃主产区之一。

楚雄亚区 10 个县(市)均有核桃分布和栽培,其中大姚面积达 98 万亩,年产量 3 万吨左右,居该亚区首位,其次是楚雄、南华、禄丰、双柏、姚安、武定、牟定、永仁、元谋等。该亚区核桃垂直分布范围在 1300～2500m,适宜生长的海拔为 1600～2200m。

该亚区核桃类型有泡核桃、夹绵核桃及铁核桃,主要为泡核桃类型,主栽核桃品种是'漾濞泡核桃''大姚三台核桃''南华早核桃',以及少量其他泡核桃品种如'圆菠萝核桃''滑皮核桃''草果核桃''鸡蛋皮核桃''小泡核桃''娘青核桃'等。另外,该亚区广大山箐、山坡上,自然零星分布着少量的夹绵核桃和铁核桃。

该亚区核桃经营栽培在全省处于较高水平。果粮间作模式是其主要栽培模式,其次是四旁栽培模式,经营管理水平一般。

(四)滇东北分布栽培区

该区辖行政区曲靖和昭通两个市(图 3-6),是云南省核桃产区之一。目前全区核桃面积近 600 万亩,产量 10 余万吨,核桃面积、产量居云南省核桃产业第四位。在历史上该区是云南省核桃实生繁殖区之一。滇东北分布栽培区分为两个亚区。

1. 曲靖、昭通南部亚区

该亚区位于云南省东部偏北,东经 102°52′～104°19′,北纬 24°50′～27°25′,东邻贵州,东南接广西,包括曲靖市的麒麟、宣威、沾益、会泽、富源、罗平、师宗、陆良及马龙 9 个县(市、区),昭通南部的鲁甸、巧家和昭阳 3 个县(区)。该亚区地形特点以高原为主,自西北向东南倾斜。最高峰为西北境内的巧家县药山,海拔 4041m,最低点为南部罗平县境内的三江口子,海拔 722m;山脉多属乌蒙山系,有部分中小平坝散布。

(1)气候　属亚热带高原季风气候。年平均温度 11.6～21.0℃,1 月平均温度 2.1～12.3℃,极端最低气温−16.2～−0.4℃,7 月平均温度 18.7～27.2℃,极端最高气温 31.2～42.7℃,年降水量 1658.2～1744.5mm,年蒸发量 1587.5～2674.7mm,有霜期 6.3～57.6 天,年日照时数 1658.2～2183.4 小时,≥10℃积温 3088.4～7280.8℃。该亚区由于纬度稍高,冬春又受冷空气影响,冬春气候冷凉,时有倒春寒灾害来袭。

(2)植被和土壤　曲靖市北部的会泽、宣威 2 县和东川区北部,东部与黔西六盘山相连,冬春常受冷湿气流影响,加之海拔较高(2000～2500m),故热量较差,自然森林为半湿性常绿阔叶林,植被组成主要树种为包石栎、滇青冈、银叶栲,次生森林多为云南松林,林内混生滇油杉、华山松、栓皮栎等。大面积荒坡多为野古草、白茅等禾草丛,丛中散生棠梨、胡颓子、马桑、火把果、黄连刺等。

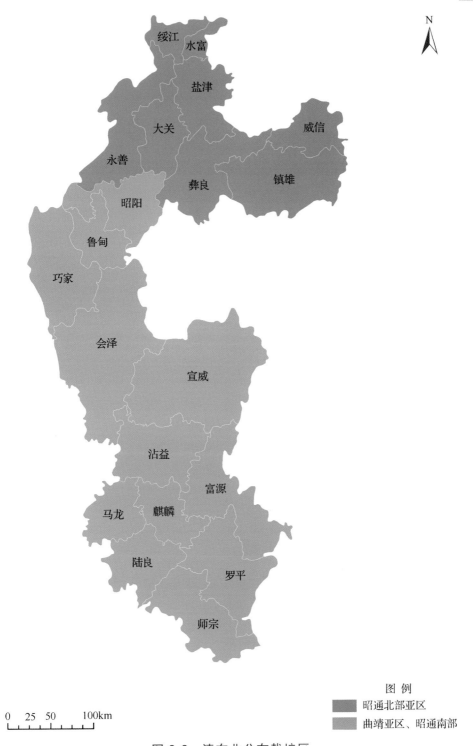

图 3-6　滇东北分布栽培区

图 例

昭通北部亚区

曲靖亚区、昭通南部

0　25　50　　100km

　　该亚区土壤深厚，成土母质主要由砂岩、页岩、紫色砂岩、石灰岩等发育
而成，多为山地红壤、山地黄壤及少量棕壤等。

（3）分布与栽培　　该亚区在历史上是云南省核桃实生繁殖区之一，20世纪50～60年代之前主要采用泡核桃进行种子繁殖，直到20世纪70年代后，才开始采用良种嫁接繁殖。该亚区由于多年来采用实生繁殖，品种良莠不齐，品质较差，但种质资源十分丰富，是云南省良种选择的重点地区之一。近30年来该亚区核桃产业得到快速发展，目前核桃面积450万亩，总产量9万吨左右。按面积排序，前3名依次为鲁甸、宣威和会泽，其中鲁甸85万亩、产量近3万吨；宣威面积80万亩，产量不足万吨；会泽74万亩，产量3万吨左右。该亚区核桃自然分布在1200～2600m地区，多分布栽培在海拔1500～2200m处。

该亚区核桃类型有泡核桃、夹绵核桃及铁核桃，主要为泡核桃类型。该亚区地处滇东北高纬度地区，又是冷寒流进入滇中区域的通道，大部地区冬春比较寒冷，倒春寒发生比较频繁和严重，极端最低气温在-16.20～-11.00℃。云南主栽良种'漾濞泡核桃''大姚三台核桃'等不适宜在该亚区大面积发展，但在低海拔区域可适当发展。

针对云南传统核桃良种不宜在该亚区大面积发展的问题，云南省林业和草原科学院及相关单位经过20多年的良种选育工作，从该亚区选育出'鲁甸大麻1号''鲁甸大麻2号''鲁甸大泡3号''朱提1号'，以及'庆丰1号'～'庆丰3号'，'巧家1号'～'巧家4号'，'云林1号'～'云林9号'等具有抗寒特性的良种，在该亚区进行栽培推广。

在栽培管理方面，除果粮间作的地块管理较好外，在山坡及四旁种植的一般管理较粗放。

2. 昭通北部亚区

该亚区位于云南省东北部，东经103°15′～105°18′，北纬27°16′～28°39′，北邻四川，东接贵州，包括昭通北部的威信、镇雄、彝良、盐津、绥江、水富、大关、永善8个县（区）。该亚区西南高东北低，海拔413.1～1668.0m，多数地区为山区高原地貌，北部有部分低山丘陵、河谷平地集中在金沙江及支流沿岸。

（1）气候　　主要属于温带季风气候，垂直差异明显。年平均气温11.3～17.8℃，1月平均气温1.3～8.2℃，极端最低气温-11.9～-1.7℃，7月平均气温20.4～26.3℃，极端最高气温34.8～41.8℃，年降水量661.9～1172.0mm，年蒸发量1044.5～2161.8mm，有霜期3.5～14.1天，年日照时数915.3～1329.8小时，≥10℃积温3186.6～5768.6℃。该亚区东北部湿冷，西南部干冷，从整个云南省来说，该亚区冬季偏冷，夏季偏热。

（2）植被和土壤　　该亚区地处滇东北，与四川盆地西南相邻，其间有金沙江河谷穿过，有与四川相似的气候和植被。在海拔1500m以上为山地湿性常绿阔叶林，植被组成是滇石栎、峨眉栲、包石栎、小叶青冈、木姜子、桢楠、木荷，以及落叶水青冈、槭树、檫木、亮叶桦、槲栎、栓皮栎，林下灌木多为杜鹃、峨眉蔷薇、枸子、荚蒾、箭竹、棠梨、火把果等。

该亚区土壤深厚，地处北纬 27°以北地区，气温低，湿度大，日照少，是山地红壤向山地棕色森林土过渡或山地红壤向山地黄壤过渡地区，主要是大面积的山地黄壤，也有少量的棕壤和红棕壤。

（3）分布与栽培　　该亚区在云南省核桃发展历史上主要采用实生繁殖。所辖 8 个县（区）在 20 世纪 70 年代以前，均有核桃自然分布，有泡核桃、夹绵核桃及铁核桃 3 种类型，但产量不高，品质良莠不齐。近 30 年来该亚区核桃产业得到快速发展，全亚区现有核桃面积 100 万亩左右，产量 1.6 万吨左右。

该亚区主要为泡核桃类型。在核桃发展前期，由于对核桃栽培缺乏科学的认识，所种核桃的种苗多数采用滇中、滇西及滇西南地区的优良核桃品种'漾濞泡核桃''大姚三台核桃'等，但这些品种种植后抗寒力弱、生长不良、产量低、品质差。仅有'云新'系列品种（系）及新疆核桃未受冻害，但生长表现差、开花结果性状不佳。

针对上述问题，在云南省林业和草原科学院的参加与指导下，该亚区相关林业局开展了核桃实生选育工作，永善县选出'永泡 1 号'～'永泡 3 号' 3个无性系，彝良县选出'乌蒙 1 号''乌蒙 3 号''乌蒙 10 号''乌蒙 16 号''乌蒙 19 号' 5 个优系，镇雄县选出'镇核 1 号'和'镇核 2 号'，大关县选出'关河 1 号'，各个良种（无性系）均在当地有一定的种植面积和推广。

该亚区核桃栽培管理水平一般，果粮间作模式较好，四旁种植有一定收获，但效益不高，生长在荒山野岭上，生长势差，收成甚微。

（五）滇西北分布栽培区

该区辖行政区丽江、迪庆、怒江 3 个州（市）及大理北部 2 个县（图 3-7）。全区有核桃面积 500 万亩，产量 8 万吨左右，是历史上采用实生繁殖的区域之一。滇西北分布栽培区分为三个亚区。

1. 丽江、大理北部亚区

该亚区位于云南省西北部，东经 100°01′～101°16′，北纬 25°57′～27°18′，东北与四川省接壤，包括丽江的古城、玉龙、华坪、永胜、宁蒗 5 县（区），大理北部的鹤庆、剑川 2 个县，全区地势高峻，自西北向东南倾斜。最高点为西北部玉龙雪山，主峰海拔 5596m，最低点为东部华坪县的金沙江出境处，海拔1015m，垂直高差明显。

（1）气候　　属暖温带山地季风气候。年平均气温 12.4～19.8℃，1 月平均气温 4.1～12.0℃，极端最低气温-11.4～-2.1℃，7 月平均气温 18.1～24.6℃，极端最高气温 31.4～41.8℃，年降水量 755.3～1078.1mm，年蒸发量 2022.2～

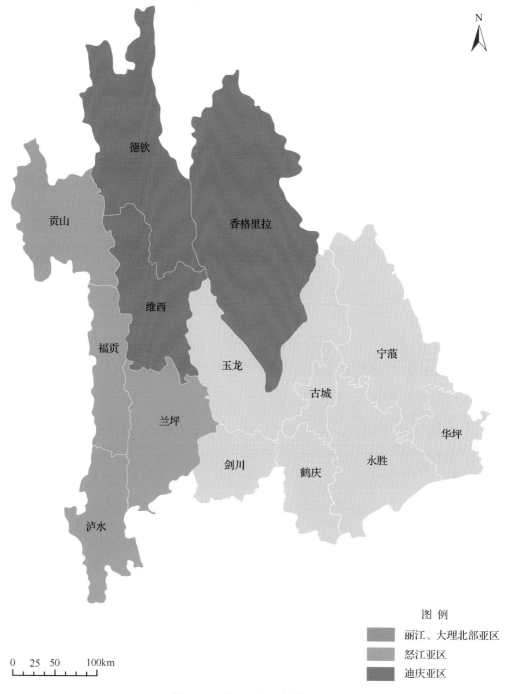

N

德钦

贡山

香格里拉

维西

福贡

玉龙

宁蒗

古城

兰坪

华坪

剑川

永胜

鹤庆

泸水

图 例

丽江、大理北部亚区

怒江亚区

迪庆亚区

0 25 50 100km

图 3-7 滇西北分布栽培区

2778.7mm，有霜期 31.7～127.3 天，年日照时数 2321.3～2546.9 小时，≥10℃积温 3472.8～7070.9℃。丽江地区由于纬度偏高，部分地区海拔偏高［玉龙纳西族自治县（简称玉龙县）、宁蒗彝族自治县（简称宁蒗县），海拔 2400m 左右］，冬季易受冷空气的影响，时有倒春寒灾害发生，金沙江河谷地区冬季霜害严重。

（2）植被和土壤　　该亚区的坝子和山区，海拔在 2000～2400m，主要为常绿阔叶林树种，植被组成为银叶栲、滇石栎、齿叶槲栎，林下多为鸡嗉子果、水红木、棠梨、大白花杜鹃、老鸦泡、南烛、短刺锥等。在 2000m 以下的次生林中生长着云南松、旱冬瓜、木荷、滇油杉等。

该亚区土壤深厚，由于气温较低，湿度较大，日照少，土壤类型属于山地红壤向山地黄壤过渡地区，主要土壤类型是红棕壤、山地棕色森林土壤及黄壤。

（3）分布与栽培　　该亚区金沙江沿岸是云南省核桃起源和分布区之一，所辖 7 个县（区）均有不同程度的核桃分布。全亚区有核桃面积 300 余万亩，产量近 5 万吨。7 个县（区）的核桃面积排序是：永胜 80 余万亩，玉龙、宁蒗、剑川、鹤庆和华坪均在 50 万亩以上，古城 17 余万亩。

该亚区核桃有泡核桃类型、夹绵核桃类型及铁核桃类型，主要为泡核桃类型。该亚区长期以来以实生繁殖栽培为主，虽种质资源十分丰富，但良种化栽培程度低、品种良莠不齐、产量不高、经济效益不太明显。改革开放后大力发展核桃产业，虽采用嫁接苗进行栽培，但由于发展迅速，对良种栽培区化认识不足，没有按核桃良种生长特性进行适地适良种布局栽培，同时，在种植嫁接苗过程中，出现品种不纯、良莠不齐现象。由于气候及生态条件不一样，品种栽培情况也不尽相同。永胜县和华坪县纬度偏低，在金沙江河谷地带海拔 1800～2200m 地区主要栽培'漾濞泡核桃'，以及少量'大姚三台核桃'和'云新'系列核桃品种（系）与其他泡核桃品种。玉龙县及古城区在金沙江河谷海拔 1600～2200m 的地带，主要栽培'漾濞泡核桃'，以及少量其他泡核桃品种、'云新'系列核桃品种（系）、新疆核桃。宁蒗县纬度偏高、气候冷凉，云南省主栽品种'漾濞泡核桃''大姚三台核桃'等易受冻害而死亡，现主要引种四川省昌都地区的盐源核桃及我国北方核桃。剑川县、鹤庆县在海拔 1600～2200m 的地带主要栽培'漾濞泡核桃'及其他泡核桃品种，高海拔气候冷凉区主要栽培'云新'系列核桃品种（系）及少量新疆核桃。

由于该亚区纬度偏北，气候多样，地形地势十分复杂，在发展核桃过程中一定要按适地适良种的原则进行规划。种植云南主栽良种'漾濞泡核桃''大姚三台核桃'时，一定要选择年平均气温在 15℃左右、海拔 1500～2200m 的地区；同时建议引种较耐寒的'云新'系列核桃品种（系）、'鲁甸大麻 1 号'和'鲁甸大麻 2 号'等进行试验栽培；也可采用当地实生选育的优良品种'丽科 1 号''丽科 3 号''丽科 4 号''丽 20 号''丽 53 号''胜勇 1 号''胜霜 1 号''剑丰'等示范推广。

该亚区核桃经营栽培在全省处于一般水平，果粮间作模式较好，四旁种植有一定收获，但效益不高，生长在荒山野岭上，生长势差，收成甚微。

2. 迪庆亚区

该亚区位于云南省西北部,东经 98°53′～99°42′,北纬 27°10′～28°27′,北、东邻四川,西北与西藏接壤,包括香格里拉、德钦及维西 3 县(市)。全区地势高耸,云岭等山脉纵贯西境。最高点为西部梅里雪山主峰,海拔 6740m,最低点为南部澜沧江出境处,海拔 1480m。金沙江、澜沧江流贯全境,垂直差异明显。

(1)气候 属温带和寒温带季风气候,立体气候明显。年平均气温 4.9～11.4℃,1 月平均气温 -3.6～3.7℃,极端最低气温 -27.4～-8.9℃,7 月平均气温 11.9～18.4℃,极端最高气温 25.6～31.3℃,年降水量 623.0～953.0mm,年蒸发量 1331.7～1629.9mm,有霜期 114.1～169.6 天,年日照时数 2047.7～2185.6 小时,≥10℃积温 644.7～3079.5℃。由于受寒潮及雪山冷空气流动影响,冬天河谷及平坝易受冻害袭击。该亚区更能体现出云南"一山分四季,十里不同天"的气候特点。

(2)植被和土壤 迪庆地处云南省西北端、青藏高原东南部、横断山脉的中部,纬度偏高,山地平均海拔 4000m,地势起伏。在各大峡谷海拔 1500～2400m 处及河床两岸均有核桃分布,植被主要是白刺花、沙棘、高山栎,也有一些亚热带灌木如铁仔、金合欢、清香木、黄栎、坡柳,还有耐旱喜暖的禾本科草丛,如扭黄茅、旱茅、芸香草等。海拔在 3000m 以上,逐渐出现亚高山针叶林铁杉、冷杉、云杉等树种。

该亚区土壤深厚,由于气温较低、湿度大、日照少,是山地红壤向山地棕色森林土过渡地区或山地红壤向山地黄壤过渡地区,土壤主要是红棕壤和山地棕色森林土。

(3)分布与栽培 该亚区内金沙江和澜沧江贯穿全境,是云南核桃(深纹核桃)的起源地及分布区,有 3000 多年分布和栽培历史。该亚区早期主要用种子进行实生繁殖,最大一片自然实生繁殖核桃林在维西傈僳族自治县(简称维西县)塔城镇,8 万亩连片,非常壮观。成片成林的核桃中有泡核桃、夹绵核桃及铁核桃类型,但大多没有采用良种化栽培,类型混杂、品质差、效益低。

我国改革开放以来,迪庆地区在各级政府的高度重视下,全区大力发展核桃产业。由于该地区山高坡陡,适宜种植核桃的土地面积较少,发展核桃种植有一定局限性。该亚区现有核桃面积 80 余万亩,产量 1.7 万余吨,维西县 40 万亩,香格里拉市 29 万亩,德钦县 14 万亩,但各县(市)产量均不足万吨。

该亚区核桃类型有泡核桃、夹绵核桃及铁核桃,主要为泡核桃类型。由于该亚区地形地势复杂、气候多样,核桃主要栽培品种在 3 个县(市)各有不同。维西县地处澜沧江与金沙江之间的低海拔地带,主要栽培'漾濞泡核桃''大姚三台核桃',少量引种新疆的'新新 2 号''温 185 号'。在该县海拔 1500～2100m

地区可发展'漾濞泡核桃''大姚三台核桃'良种，其他品种根据引种试验结果适当发展。

香格里拉市纬度及海拔较高，核桃主要分布在西南部的金沙江河谷区、上江及金江镇一带，主栽品种为'漾濞泡核桃'，少量引种新疆的'新新2号'及'温185号'。其他地区由于海拔高，气候寒冷，不宜核桃大量栽培，仅有当地极少的野生核桃零星分布。在该市西部、南部的金沙江河谷地带，可适量发展'漾濞泡核桃'。同时，建议该地引进'维2号''鲁甸大麻1号''鲁甸大麻2号''胜勇1号''胜霜1号'等耐寒核桃品种。

德钦县位于该亚区的西北部，西边是巍峨的梅里雪山，地势北高南低，西部是澜沧江，东面是金沙江，两江贯注全境，地形地势非常复杂，土地面积较少。核桃主要分布栽培在澜沧江及金沙江河谷两岸，两岸山地上有较多野生核桃分布，但产量低、质量差。河谷地带由于冬春寒冷，云南核桃主栽品种'漾濞泡核桃''大姚三台核桃'及其他泡核桃品种不耐寒，不适宜在该地栽培。近几年来，当地政府引进了新疆的'新新2号''温185号'等进行引种试验栽培，效果待进一步观察。建议引种试种云南选出的耐寒、避霜的核桃品种，如'鲁甸大麻1号''鲁甸大麻2号''胜勇''胜霜''丽科'系列品种，若试种成功可推广发展。

该亚区核桃经营栽培总体情况比较粗放，果粮间作模式较好，四旁核桃种植有一定收获，但效益不高。

3. 怒江亚区

该亚区位于云南省西北部，东经98°40′~99°25′，北纬25°29′~27°45′。西与缅甸接壤，北接西藏。全亚区包括泸水、福贡、贡山及兰坪4县。全亚区地势高峻，怒山、高黎贡山纵贯于东西两侧，海拔多在4000m左右，最高点为北部的楚鹿腊卡峰，海拔4649m，最低点为怒江出境处，海拔约700m。独龙江、怒江及澜沧江自北向南流贯过境。地形地势复杂，气候多样，垂直差异明显。

(1)气候　　主要属于亚热带山地季风气候。年平均气温11.2~15.1℃，1月平均气温3.2~9.2℃，极端最低气温-10.2~-0.5℃，7月平均气温17.8~23.4℃，极端最高气温31.7~37.1℃，年降水量1003.2~1724.8mm，年蒸发量1232.4~1635.9mm，有霜期44.8~115.1天，日照时数1299.6~2063.9时，≥10℃积温3198.7~4735.9℃。由于受寒流影响，且纬度和海拔不同，在同一个地区气候常具有多样性及多变性。

(2)植被和土壤　　该亚区地处云南省西北端、青藏高原东南部、横断山脉中部，纬度偏高，山地平均海拔达4000m左右，地势起伏。各大峡谷底部海拔1500~2500m处的河岸坡面上均分布和栽培着核桃。河床两岸坡面上已无常绿阔叶林，河谷干热，只有多种有刺花木及疏林分布，植被组成主要为白刺花、沙棘、高山栎；也有一些亚热带灌木丛，如铁仔、金合欢、清香木、黄栎、坡柳；还有耐旱喜暖的禾本科草丛，如扭黄茅、旱茅、芸香草等。当河谷两岸海拔上升到3000m以上时，逐渐出现亚高山针叶林，如铁杉、冷杉、云杉等。

该亚区土壤深厚，土壤类型以红棕壤和山地棕色森林土为主，也有少量山地红壤和黄壤。

(3)分布与栽培　　该亚区是独龙江、怒江和澜沧江流域地带，是深纹核桃的原产地之一。至今沿江两岸还有树龄不等的野生核桃林存在，在贡山独龙族怒族自治县(简称贡山县)丙中洛镇怒江边上仍有300～500年生的核桃古树。

改革开放以后该亚区核桃产业得到快速发展，面积达120余万亩，总产量2.7万余吨。4县中泸水核桃面积40余万亩、产量1万吨左右，兰坪39万亩、产量1.5万吨左右，福贡27余万亩，贡山16余万亩。

该亚区的核桃类型有泡核桃、夹绵核桃及铁核桃，主要为泡核桃类型。该亚区是深纹核桃起源地及核桃实生繁殖区之一，是集高山峡谷、山高坡陡、土地少、道路陡峭为一体的地区。核桃多分布栽培在独龙江、怒江及澜沧江两岸的坡地上，以及田边地头、房前屋后。核桃在该亚区海拔1200～2250m处均有不同程度分布和栽培，较适宜海拔在1600～2000m。在栽培核桃品种方面，由于前期仅泸水县及兰坪县少数地区采用嫁接繁殖，核桃品种良莠不齐。后期大规模发展核桃时，开始采用良种嫁接苗种植，主栽品种是'漾濞泡核桃''大姚三台核桃''云新'系列核桃品种(系)和少量的其他泡核桃品种、新疆核桃等。

该亚区贡山县和福贡县由于山高谷深、地形地势复杂，山区经济十分落后，为云南省深度贫困区。在保障生态安全的前提下，宜选择在缓坡(小于15°)山地、田边地角、房前屋后、路边、沟边合理种植核桃，主栽品种仍是'漾濞泡核桃''大姚三台核桃''娘青核桃''云新'系列核桃品种；同时，建议在高寒地区适量引种'鲁甸大麻1号''鲁甸大麻2号''泸水1号'进行试验示范和推广。合理种植核桃，有利于保护生态环境，也有益于发展山区经济，脱贫致富。

该亚区核桃经营栽培总体情况比较粗放，种植在陡坡且管理差或不管理的情况下，基本无收获，仅果粮间作模式效果较好。

(六)滇东南分布栽培区

该区辖行政区红河和文山2个州(图3-8)。该分布栽培区分为两个亚区。

1. 红河亚区

该亚区位于云南省南部，东经102°26′～103°57′，北纬22°30′～24°32′，南与越南接壤，包括蒙自、个旧、开远、弥勒、红河、绿春、泸西、建水、元阳、石屏、金平、河口及屏边13个县(市)。该亚区地形复杂，高原绵延，山岭起伏，

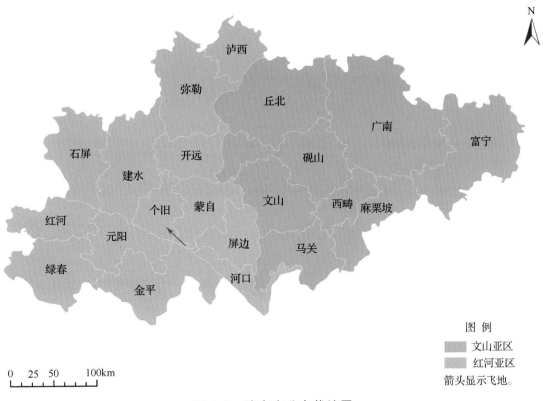

图 3-8　滇东南分布栽培区

最高峰为南部边境的西隆山，海拔 3074m，最低处为河口境内元江和南溪河汇合处，海拔仅 76m。主要河流元江自西北向东南流贯过境，另有南盘江、老勐河等大小河流，地形高差明显。

(1) 气候　　属亚热带高原季风气候。年平均气温 15.3～22.7℃，1 月平均气温 7.4～15.5℃，极端最低气温-4.7～-0.6℃，7 月平均气温 19.8～27.8℃，极端最高气温 30.3～40.5℃，年降水量 792.5～2021.5mm，年蒸发量 1400.3～2369.8mm，有霜期 0.1～29.4 天，年日照时数 1589.0～2330.5 小时，≥10℃积温 4607.3～8249.0℃，气候偏干热。

(2) 植被和土壤　　该亚区地处高原断陷盆地，河谷上下落差较大，有明显的南亚热带干热气候特点，在山地海拔 1800m 以上为常绿阔叶林，但土地多为岩溶区，比较干旱，植被组成以耐旱的银叶栲、小叶青冈、毛叶青冈为主，混生栓皮栎、槲栎、化香、清香木等落叶树种。灌木有黄杞、毛叶柿、铁仔等。次生林常由旱冬瓜和云南松组成。植被具有可种植核桃指示性。

该亚区为岩溶山原地貌，地表干旱缺水，成土母质多为石灰岩的风化物，母岩有页岩、砂岩、片麻岩、片岩、千枚岩、紫色砂页岩等。土壤主要有山地红壤、砖红壤、山地黄红壤、紫色土、羊肝土等。

(3) 分布与栽培　　该亚区是核桃新发展区，20 多年来，核桃栽培发展较快，

13 个县(市)均有不同程度发展,种植面积最多的是弥勒,已达 44.5 万亩,较少的是金平、河口及元阳,才几千亩。整个红河亚区现有核桃面积 140 万亩,产量 1 万余吨。

2. 文山亚区

该亚区位于云南省东部,东经 104°11′～105°38′,北纬 23°02′～24°04′,东与广西壮族自治区相邻,南与越南接壤,包括文山、麻栗坡、砚山、广南、马关、富宁、西畴及丘北 8 个县(市)。全亚区峰林起伏,石灰岩分布广泛,岩溶地貌发育,大部分属于喀斯特地貌,地势自西北向东南倾斜,最高点为西部文山县境内的薄竹山,海拔 2991m,最低点为南部麻栗坡县的盘龙河下游,海拔107m。

(1)气候   主要属于亚热带高原季风气候。年平均气温 15.9～19.4℃,1月平均气温 8.4～11.0℃,极端最低气温-7.8～-1.9℃,7 月平均气温 21.0～25.4℃,极端最高气温 32.9～40.5℃,年降水量 1001.7～1178.8mm,年蒸发量 1224.0～1874.4mm,有霜期 4.5～13.7 天,日照时数 1627.5～2042.1 时,≥10℃积温4684.1～6400.7℃。该亚区位于云南东部偏南地区,纬度较低,大部地区气候偏热。

(2)植被和土壤   该亚区位居滇东南,是典型岩溶山原地貌,由于地势西高东低,受东南季风影响,年降水量在 1000mm 左右,植被为季风常绿阔叶林,以刺栲、木莲为标志,常有热带灌木和附生植物。由于岩溶地段立地原因,又有滇润楠、短序桢楠、小叶青冈等常绿阔叶林树种生长。萌生灌丛常有喜钙的清香木、化香、黄杞、粗糠柴、盐肤木生长。在土壤条件较好地段有栓皮栎、银叶栲、毛叶青冈,以及落叶的旱冬瓜、枫香、西南桦呈小片生长。旱冬瓜、栎类树种是核桃适宜种植的指示树种。

该亚区土层厚度一般,成土母质主要由石灰岩和砂岩发育而成,多为砖红壤、红壤、山地红壤、红棕壤。

(3)分布与栽培   该亚区是云南规模化发展核桃的新区,所辖 8 个县(市)均有不同程度的自然野生核桃分布,多在山区呈零星分散存在,有实生的泡核桃类型、夹绵核桃类型及铁核桃类型,但不成规模、产量少、品质差、效益低。该亚区通过 30 多年的发展,现有核桃面积 120 余万亩,产量 0.36 万吨。因是核桃发展新区,所以其产量及产值都不高。从栽培面积来看,丘北县核桃栽培面积最大,为 20 余万亩,其次是广南县和马关县,均为 17 余万亩,西畴县 16 余万亩,文山市 15 余万亩,砚山县 14 余万亩,麻栗坡县及富宁县均为 10 余万亩。

该亚区核桃类型有泡核桃、夹绵核桃及铁核桃,主要为泡核桃类型。该亚区属于云南核桃产业发展的新区和大区,由于纬度较低,气候偏热,低海拔区域不宜发展,从海拔垂直分布上看,核桃栽培在海拔 1200～2200m 地区,但种植在 1200～1500m 地区的核桃生长旺盛、结果少、病虫害较严重(食叶、蛀干害虫)，种植在 1500～2200m 地区的核桃生长正常，最适宜栽培海拔为 1700～2200m。主栽品种是'漾濞泡核桃''大姚三台核桃''昌宁细香核桃'及其他泡核桃品种、'云新'系列核桃品种(系)等。

在栽培管理技术水平方面，除果粮间作模式的园地管理较好外，一般园地管理均比较粗放，今后应加强管理，提高其产量和品种。

核桃分布与栽培区划是产业基地建设中最基础、最重要的工作。云南要把核桃产业做大做强，必须创造自己独特的"云南好品牌"，以期在市场上有竞争优势。好的品牌需要好原料，好原料来自各种特色的好品种，好品种(良种)又必须栽培在适宜的生态环境中。在适宜的生态环境中，只有采用良好的栽培管理技术措施，才能达到优质、丰产和高效。核桃分布与栽培区划工作就是要解决良种适地栽培，从而取得核桃产业的最大效益。

此次区划按照云南省核桃分布及栽培的实际情况，划分为 6 个分布栽培区13 个亚区，并对云南不同核桃品种适宜栽培区进行推荐和建议，可供各区参考、推广和应用。

由于云南省气候受地理位置、地形地势、纬度、海拔、寒潮暖流等多因子的影响，具有"一山分四季，十里不同天"的独特气候特点，大环境中有小气候、大生态中有小环境。因此，在同一个区域中，不能"一刀切"都采用同一个品种，应根据实际气候、环境条件，做到因地制宜、适地适良种。

第四章 云南核桃良种选育及主要优良品种

　　云南省地处低纬度、高海拔的云贵高原，西北靠青藏高原，南近辽阔的海洋，地理位置非常特殊。因受印度洋热带西南季风和南太平洋东南季风以及青藏高原气团的交替影响，加之北高南低的地势和错综复杂的地形，这里形成了"四季无寒暑，有雨便成冬"和干湿季明显的独特高原型季风气候。另外，云南境内高山林立，西部有横断山脉，西北有梅里雪山、高黎贡山、怒山、云岭、玉龙雪山、点苍山，中部有无量山、哀牢山，西南有临沧大雪山，东北有乌蒙山等，形成了很多高山峡谷和山地。云南山间江河纵横，有金沙江、澜沧江、怒江、南盘江及红河五大水系，形成大小江河上万条的水利网络，滋润着云岭大地。崇山峻岭、江河纵横，构成类型多样、错综复杂的地形地貌，以及由垂直海拔差异突出造成的"一山分四季，十里不同天"的"立体气候"。气候类型的多样性与复杂性，造就了云南的生物多样性，而使其成为"植物王国"。生物的多样性，也营造了核桃种质资源的多样性。云南省16个州（市）129个县（市、区），在不同程度上均有核桃分布和栽培，有泡核桃、夹绵核桃及铁核桃三大类型，也有丰富且各具特色的丰产、优质的农家核桃良种，还有适宜不同气候类型的品种和优株无性系。综上可知，云南核桃千千万，性状各具特点，种质资源十分丰富。

第一节　云南核桃类型划分

云南核桃根据坚果种壳的厚度分为三个类型。

 一、泡核桃类型

泡核桃（又称茶核桃、绵核桃、薄壳核桃等，图 4-1）多为嫁接繁殖，少数实生。该类型的核桃树一般树干分枝较低，侧枝向四周扩张，树冠庞大呈伞形或半圆球形，果枝密集，结实量大。树皮粗糙，裂纹较深，小枝棕黄色，侧芽大而圆，小叶黄绿色呈长椭圆状披针形。果实扁圆形，外果皮光滑，黄绿色，有黄白色斑点。坚果种壳厚 0.5～1.1mm，用手可捏开；内褶壁明显而不发达，内隔膜纸质或膜质，种仁容易整仁取出。出仁率 55%～56%，种仁含油率 70%左右，味极香。具有很高的经济价值和多种用途。该类型可细分为许多品种，有一定经营规模和经济收入的品种有 30 多个，不同品种分布在不同的适宜地区。目前推广发展的主要良种是'漾濞泡核桃'和'大姚三台核桃'两个品种。

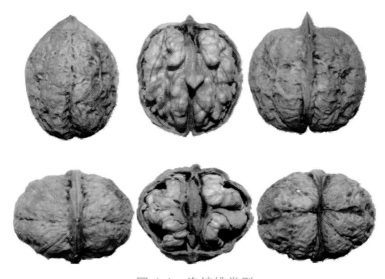

图 4-1　泡核桃类型

 二、夹绵核桃类型

夹绵核桃（又称二异子核桃或中间核桃，图 4-2）多为实生品系，少有嫁接繁殖。它的果实性状介于泡核桃类型与铁核桃类型之间，为中间类型。坚果出仁率 40%～45%，壳厚 1.1～1.3mm，种仁含油率 70%左右。此类型的品种区分较粗放，名称不一。有的品种适应性强，在生长地立地条件较差的情况下，仍能获得较高的产量。夹绵核桃类型在云南省分布广泛。

图 4-2　夹绵核桃类型

 三、铁核桃类型

　　铁核桃(又称坚核桃、硬壳核桃、野核桃等,图 4-3)为天然实生种。其核桃树的树干通直高大,分枝高、角度小,树冠小,果枝少,果实产量低。树皮灰褐色,裂纹浅。小枝绿色有绒毛,皮孔大而突起,侧芽小而尖,小叶阔披针形,深绿色,有明显的锯齿。果实多为椭圆形,略尖,外果皮深绿色,粗糙,有红毛和黄色斑点。坚果壳厚 1.3mm 以上,刻纹深密,内褶壁发达,内隔膜坚实骨质,种仁少,很难取出,出仁率 25%～30%,种仁含油率 70%左右,油香,经济价值较低。铁核桃类型的植株适应性强,生长势旺,除其坚果可榨油外,多用作培育砧木苗及制作各种工艺品。铁核桃类型在云南省各地均有不同程度的实生分布。

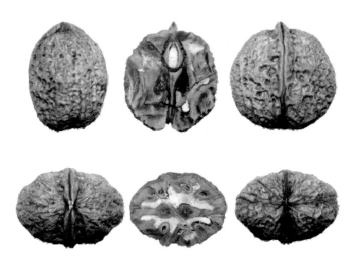

图 4-3　铁核桃类型

第二节　云南核桃良种选育

核桃良种是生产力，也是核桃产业的关键要素之一。发展一个大的种植产业，必须具有在不同生态环境下生长和不同用途的专用型良种，如此才能把产业做大、做强及做久，因此开展良种选育意义重大。

 一、良种选育方法

良种选育方法有：选择育种、杂交育种、引种驯化、辐射育种、太空育种及细胞育种等。目前主要采用选择育种、杂交育种及引种驯化三种方法。

（一）选择育种

选择育种是核桃良种选育的常用方法。历史上，云南省在昭通、曲靖、丽江、迪庆、文山、德宏、怒江等州（市）栽培核桃基本上都采用实生繁殖，面积达 100 万亩以上，单株约 1000 万株左右。因为核桃实生繁殖变异性大，每株实生核桃树均为天然异花授粉所产生的自然杂交后代，是一个独立的基因型，庞大的实生种群为选择育种打下了坚实的基础。目前，云南省大力推广的'漾濞泡核桃''大姚三台核桃''保山细香核桃''华宁大白壳核桃'等 20 多个农家品种均由选择育种产生。

1. 优树标准

根据林业行业标准《核桃标准综合体　第 8 部分　核桃坚果质量及检测》（LY/T 3004.8－2018），并结合生产实际，制定云南核桃选优标准，具体如下。

丰产性指标：树冠垂直投影（简称冠影）面积连续 3 年平均产坚果 $0.3kg/m^2$，或核仁 $0.15kg/m^2$。

品质指标：坚果纵径、横径、棱径（以下简称三径）平均值 32mm，单果重≥9g，果壳厚度≤1.3mm，出仁率＞50%，核仁饱满易取，色浅，涩味轻等。

特殊优良性状：果壳极薄不露仁，单果重≥10g，特丰产，抗逆性强，雄花少，核桃仁风味浓郁等。

2. 选优程序及方法

选择育种分为 5 个阶段，即优良单株选择（含初选、复选及决选）、优良无性系选择、品种比较试验、区域性试验和生产性试验示范。

（1）优良单株选择

1）初选：根据选优目标，快速、准确初选出各地优株。首先，向选优地区有关单位说明选优重要性、必要性及选优单株标准、调查方法与相关工作要求，召集当地群众、选优工作人员召开选优工作动员会。发动群众上报他们所了解的优株位置、所属农户等信息；选优工作人员根据群众所报落实优树，进行编号、填写优株基本情况调查表；核桃采收前调查分析优树的生长情况、产量、质量及其他性状，确定初选优树。

2)复选：在初选基础上，结合当地气候条件和树体生长情况对照选优标准，进一步观察测定入选优株，观测其生态适应性、抗逆性、丰产性，分析测定果实品质、含油率、油质等。进一步对初选优株进行评比，以确定复选优株。

3)决选：在复选基础上，对入选的优株再进一步观察测定，观测其生态适应性、抗逆性、丰产性，分析测定果实品质、含油率、油质等，连续3年进行优株调查后，通过评比最后确定优良单株。

(2)优良无性系选择　　对决选出的优良单株进行嫁接繁殖，建立无性系测定圃，观测无性系生态适应性、抗逆性、生长量、丰产性，分析测定果实品质、含油率、油质等，选出优良无性系。

(3)品种比较试验　　对选出的优良无性系，通过嫁接繁殖建立品种比较园。观测各无性系的生态适应性、生长量、抗逆性、丰产性，分析测定果实品质、含油率、油质等，选出适宜当地种植的品系。

(4)区域性试验　　选择不同的生态栽培区，将选育出的品系通过嫁接繁殖建立区域性试验点，在不同纬度、不同海拔开展区域性试验研究，确定不同品系的适生范围，选出适宜不同区域发展的区域性品种。

(5)生产性试验示范　　对经区域性试验选出的区域性品种进行扩繁，在适生区域内进行一定规模化的生产性试验推广。根据试验结果，最终选育出符合育种目标的品种，可报云南省林木品种审定委员会进行审(认)定。

(二)杂交育种

杂交育种是有目的地选择两个基因型不同而又优缺点互补的亲本，进行人工交配(授粉)，经有性融合(精子和卵子)组成新的基因型核桃。杂交分为两种，一种是远缘(种间)杂交，另一种是种内杂交。

核桃杂交育种的程序与方法：确定育种目标→亲本选择→杂交→杂交后代培育→杂种植株选优(初选)→杂种优株无性系区域性试验。

1. 确定育种目标

育种目标应根据各地区、产业的需要或产业中品种存在的问题来制定。育种目标包括早实性、丰产性、品质、抗逆性(抗病虫、耐寒、耐旱)、适应性等方面，可以是单一目标，也可是多重目标。

2. 亲本选择

杂交亲本的选择与杂交组合的选配是杂交育种成败的关键因素之一。选择亲本必须注意以下事项。

1)亲本必须按照育种目标的要求,选择遗传基因与育种目标一致的亲本,而且性状要突出,双亲优缺点要互补。例如,'云新'早实杂交新品种的培育,育种目标是培育早实、丰产、优质、耐寒,以及种壳较光滑、树体较矮化的新品种,所选亲本是云南'漾濞泡核桃''大姚三台核桃',其优点是丰产、优质、抗病性强,缺点是结实晚(6~8年)、不耐寒、种壳刻纹较深密、不美观、树体高大;所选新疆核桃优株的优点是早实(2~3年开花结果)、丰产、优质、种壳光滑、耐寒、树体较矮。所选双亲的遗传基因互补,符合育种目标。

2)所选亲本优良性状明显,遗传基因差异大,亲缘关系较远(种间或种内),如此才具有杂种优势。

3)选择的杂交双亲要求具有亲和力,杂交前必须做花粉发芽率和亲和力试验。只有花粉发芽率高、亲和力强时,杂交育种才能成功。

亲和力测定:杂交亲本选出后,为了解双亲的亲和力,在正式杂交之前,应进行小规模的杂交试验,观测杂交后的坐果率和成果率,两者均在50%~80%时,可规模化杂交,若达不到该数值则为亲和力差,考虑是否重选亲本。

3. 杂交

杂交主要工作内容包括亲本花期观察、雌花套袋隔离、花粉采集与储藏、授粉、拆袋及杂交种子采收等(图4-4)。

(1)亲本花期观察　观察亲本的雌雄花期,以便掌握雌花隔离套袋、授粉和雄花采集的时间。核桃雌花期分为雌花显蕾期、雌花初花期、雌花盛花期、雌花末花期4期;雄花期分为雄花芽膨大期、雄花芽伸长期、雄花初花期、雄花盛花期、雄花末花期及雄花落花期6期。

(2)雌花套袋隔离　当亲本(♀)抽梢,雌花显蕾(在枝顶上有菜籽大小的花蕾)时,选外围健壮的雌花枝,在柱头尚未分裂时,将枝条上的雄花芽去掉后,在雌花枝套上用硫酸纸或牛皮纸制成的隔离袋,并挂上标签(注明父本与母本,以及授粉日期)。

(3)花粉采集与储藏　核桃枝条上的雄花停止生长后,花序基部的小花有部分开放时(约整条花序的1/3),即可采集雄花序放于纸上,置于通风干燥室内,1~2天后,抖出花粉去掉杂质,进行授粉或储藏。花粉储藏方法:将采集的花粉放入玻璃器皿中,置于干燥器内在4℃环境下储藏。

(4)授粉　当隔离袋内雌花开放,柱头呈淡黄色二裂羽状反卷,并充满明亮分泌物时,就是授粉的最佳时期(可保持7天左右)。早晨8~10时打开隔离袋，用毛笔蘸取少量花粉轻轻吹向雌花的柱头，也可采用授粉器将花粉对准雌花柱头轻轻喷去。

图 4-4　杂交授粉程序

A. 雌花隔离；B. 花粉收集；C. 授粉；D. 杂种果实；工作流程为 A→B→C→D

（5）拆袋　　当雌花柱头颜色变黑，子房稍膨大时，要及时拆袋，一般为授粉后 6～7 天，以免时间过长造成叶黄落果。

（6）杂交种子采收　　在云南，白露前后，果实成熟时，可按标记进行采摘。采摘后按杂交组合分别脱除青皮，若采用秋季播种育苗，可播在苗圃地内进行管理；若采用春季播种育苗，将去皮种子放入通风干燥的室内风干后进行储藏，待来年春播。

4. 杂交后代培育

1）播种：选择适宜地块，按照杂交组合进行秋播或春播。

2）苗期管理：将已发芽的种子，按发芽先后，分批移入苗圃的苗床内种植，进行土、肥、水及病虫害管理，并进行观察和记录。

3)杂种植株选择：根据育种目标，选择重点放在目标性状上，将符合的杂种苗移入初选圃内继续培育、观测、选择。

5. 杂种植株选优(初选)

根据育种目标，参照林业行业标准《核桃标准综合体　第 8 部分　核桃坚果质量及检测》(LY/T 3004.8—2018)提出的丰产性状、坚果品质，以及抗逆表现与特殊优异性状等方面的原则、要求和指标，结合杂种植株的实际表现，制定初选标准。

1)早实：播种后 1～3 年开花结果。

2)丰产：侧果枝率≥40%，花枝率≥60%，果枝率≥50%，坐果率≥70%，平均每枝花数＞1.8 朵，每枝坐果＞1.6 个。由于刚进入结果期，产量不稳定，易受环境和管理的影响，故产量指标未定，但在选择时应将产量指标进行综合考虑。

3)优质：果型端正，种壳刻纹大、浅或光滑，壳厚 1.0mm 以下，能整仁或半仁取出，仁色黄白或浅黄，饱满，风味香醇，出仁率＞50%，坚果大小选择标准可根据用途制定。

4)抗性：具有一定抗病性、抗虫性、抗寒性或抗旱性。

参照选优标准连续调查，记载 3～5 年，逐株进行分析鉴评，综合筛选后评定出杂种优株，进行无性系区域性试验。

6. 杂种优株无性系区域性试验

(1)杂种优株无性系苗木培育　按照区试点所需苗木数量，通过嫁接培育出各优株无性系区试苗木。

(2)优株无性系区试点的布局与要求　由于云南省地形地势复杂，区试内容需从两个方面进行考虑，一个是水平区试，按纬度高低规划，另一个是垂直区试，按海拔不同设置试验点。水平区试点布局：云南省纬度跨越 6°，可考虑从南到北每上升 1°设一个区试点，共 6 个。垂直区试点设置：根据目前云南省核桃分布海拔的高低来确定布点下线和上线，目前云南省核桃分布下线在 1300m 左右，上线在 2500m 左右，高差 1200m 左右，根据海拔高差及气候变化情况，可从海拔分布下线开始，每上升 200m 设一个垂直区试点，共 7 个。

为了减少人力财力投入、方便工作、提高效率，水平和垂直区试可结合选在一点，每个杂交优株每区试点 1～2 亩，晚实优株核桃每亩 8～10 株(株行距约 8m×8m)，早实优株每亩 20 株(株行距约 5m×6m)。所选区试点尽量做到地形地势较平缓(坡度不超过 25°)，土层深厚湿润。

(3)各区试点优株定植与管理

1)嫁接苗定植：核桃优株嫁接苗定植一般在立春前，苗木尚未萌动时(1 月中下旬)进行。定植前，整地、挖塘、施基肥，种植后浇透定根水，覆膜保湿增温。

2)定植后管理：定植当年，干旱季节(1~5月)每月浇水2或3次，雨季开沟排涝，每年深翻园地2次(初春、秋末)，结合深翻土地施基肥一次，5月中旬和7月初各施追肥一次，地内实行间作，冬春种豌豆、蚕豆；夏秋种洋芋、黄豆、蔬菜等，并注意病虫害防治。

(4)各区试点无性系优株观测   在各区试点优株中选择5~10株进行挂牌编号观测，内容包括试验地基本情况、优株生长情况、物候期、植物学特性、丰产性能、坚果品质等。

(5)优良品种评定   为准确掌握每个优株无性系的适应范围，通过区试，晚实优株观测10年，早实优株观测5年。每区试点每株区试优株，每年按优良品种评定相关内容进行观测。最后整理5~10年积累资料，得到每个区试优株在各个区试点的生长、产量、质量及其他因素资料，再进行分析比较，得出每个优株的树势状况、病害状况等适应性表现，以及适宜栽培范围，确定最适宜、次适宜及不适宜栽培区，以及每个优株无性系栽培推广应用范围。规模化栽培产生效益后，形成的优良品种经云南省林木品种审定委员会审(认)定。

(三)引种驯化

引种是指把国内外的新品种或品系及研究用的遗传材料引入当地。引种选育具有时间短、见效快、节省人力物力的优点，是良种选育和培育新品种最有效的途径和方法。

1. 核桃引种成功的三个原则

(1)引准优良品种   引进的品种必须是丰产、优质及独具特色的优良品种。为了引准良种，引种前必须到原产地进行调查研究，搞清楚所引良种的性状是否是所需要的目标良种，否则会造成引种失败，浪费时间、人力及财力。

(2)原产地与引入地生态环境相似   生物与其生存环境是一个统一体，是分不开的。一个良种引种的成败，关键在于环境是否适宜。所以在引种之前必须将原产地的气候(温度、湿度、降水量、光照等)和土壤(质地、pH、类型等)调查清楚，再与引入地的气候、土壤环境做比较，是否相同或相似。生态环境相同引种成功的可能性就大，反之容易引种失败。

(3)符合市场需求   在引入地或周边地区，从社会发展、人口增减、经济收支能力、市场需求等方面对引入品种进行调查，确定其是否有市场。因为引进品种后它就是一个商品，它的盛衰取决于市场的需求，所以引种之前必须根据市场需求做出是否引种的决定。

以上三个引种原则，缺一不可，若条件符合，即可进行引种栽培。

2. 引种程序

引种程序：调查研究，引准良种→检验检疫→栽培试验，初选良种→无性繁殖，进行区试→优良品种评定。

（1）调查研究，引准良种　　一是在引种前到原产地进行考察调研，了解所引品种是否具有丰产、优质及特色优势性状，是否符合引种所要达到的目标；二是调查引种地的自然生态环境和气候、土壤指标，引进地自然生态环境的各项指标与其是否相同或近似，按照引种的三个原则来确定引种与否。

（2）检验检疫　　引种往往是从外地带进有害生物的途径，会把病虫害、有害杂草带入引种地区，所以引种必须进行科学严谨的检验检疫，排除后患。

（3）栽培试验，初选良种　　栽培试验：引种一般会引入多个品种，经栽培试验观测，有利于优中选优。宜引进多品种，可通过控制品种单株数量来节省人力、物力及财力。栽培试验可先进行单点试验，初筛出优良品种后，通过嫁接繁育开展多点区试。在引进苗木品种较多的情况下，也可直接进行多点栽培试验，在不同纬度、海拔和立地条件下，单点和区域性试验同步进行，用空间争取时间，从而加速引种进程。

初选良种：早实品种至少需观测 5 年，晚实品种最少需 10 年，观测指标包括物候期、生长结实、产量和质量。汇总各项指标后与原产地同品种、同龄树进行比较，若基本一致，则说明所引品种适宜在引种地生长，引种成功；若各项指标与原产地近似但均比其稍差一些，则需进一步观测研究并找出原因；若各项指标与原产地差异太大，则说明引种失败。

（4）无性繁殖，进行区试　　将引种成功的品种，通过嫁接建立新品种采穗圃，培育出嫁接苗木，并在各区试点进行管理及观测。进一步了解引种成功的品种在各区试点的表现，包括物候期、生长、产量、质量及其他优良性状等，从而鉴评出各品种的适应性及适宜种植范围，为今后进一步推广应用筛选出准确的栽培区域及范围。

（5）优良品种评定　　通过以上引种驯化程序，最终驯化出适宜引种地种植的优良品种，报云南省林木品种审定委员会审（认）定。

▶▶ 二、云南核桃良种选育概况

云南自 1964 年起进行核桃良种选育工作，至今共选育良种 108 个，其中实生选育良种 97 个（包括传统农家品种 20 个），杂交选育良种 9 个，引种驯化品种 2 个。云南是中国乃至世界上最早采用良种嫁接繁殖、实行良种化栽培核桃的地区。目前选育的核桃良种在云南推广超过 4300 万亩，加上推广到贵州、四川、广西、湖南湘西、湖北南部等区域的面积，应用推广面积超过 6000 万亩。

（一）选择育种

由于云南核桃栽培历史悠久（约 3000 多年），在这漫长的时间里，通过自然和人工选择，在云岭大地上选出了很多农家品种，并采用嫁接繁殖不断发展。在云南主产核桃的大理、保山、楚雄、临沧、普洱及玉溪等州（市）的漾濞、永平、云龙、巍山、昌宁、凤庆、景东、南涧、楚雄、大姚、南华、华宁、新平等地，几百年前就已经采用良种嫁接繁殖核桃了，基本实现了良种化栽培。

1964~1968 年，云南省林业和草原科学院漾濞核桃研究院对云南核桃种质资源进行了调查，初步筛选出'漾濞泡核桃''大姚三台核桃''保山细香核桃''华宁大白壳桃核''圆菠萝核桃''草果核桃''鸡蛋皮核桃''滑皮核桃''早核桃''小泡核桃''老鸦嘴核桃''华宁大砂壳核桃''娘青核桃''大屁股夹绵核桃''小核桃夹绵''弥渡草果核桃''泸水 1 号核桃''凤庆水箐夹绵核桃''小红皮核桃'等 20 多个农家品种。并从中重点推广'漾濞泡核桃''大姚三台核桃''昌宁细香核桃''华宁大白壳核桃''华宁大砂壳核桃''娘青核桃'等品种。这些品种先后通过云南省林木品种审定委员会审定，其他品种也在其适宜种植区得到不同程度的发展。

1972~2017 年，以云南省林业和草原科学院为主导，全省各州（市）林业局、林科所、推广站积极参与，开展核桃实生选优工作，经多年调查筛选和无性系栽培，已选出'丽 53 号''维 2 号''永 11 号''永泡 1 号''永泡 2 号''永泡 3 号''桐子果''乌蒙 1 号''乌蒙 3 号''乌蒙 8 号''乌蒙 10 号''乌蒙 16 号''乌蒙 19 号''鲁甸大麻 1 号''鲁甸大麻 2 号''鲁甸大泡 3 号''红皮连串''丽 20 号''丽科 1 号''丽科 2 号''丽科 3 号''丽科 4 号''保核 3 号''保核 5 号''保核 7 号''巧家 1 号''巧家 2 号''巧家 3 号''巧家 4 号''弥勒 1 号''龙佳''宁香''红河 1 号''红河 2 号''剑丰''胜勇 1 号''胜霜 1 号''寻甸 1 号''石林 6 号''东川 4 号''庆丰 1 号''庆丰 2 号''云晚霜 1 号''云晚霜 2 号''漾江 1 号'等优良品种（无性系）。这些核桃良种选自云南省各州（市）县（市、区），体现出两大特性。①生态环境多样性：这些优良品种生长分布在不同纬度、海拔和气候条件下，适宜分布区生态环境多样。②品种的多样性：这些生长在多样生境中的品种，具有生物学及植物学的多样性，为扩大核桃发展区域和产品用途提供了强大的良种支撑。

（二）杂交育种

多年来，针对云南核桃存在的问题，云南省林业和草原科学院等单位开展了早实和晚实核桃的杂交育种工作。

1. 早实杂交新品种培育

1979～2004 年，云南省林业和草原科学院针对云南核桃结实晚、效益慢、种壳刻纹深密、欠美观、不耐寒等问题，选用我国北方核桃中新疆早实优株核桃'云林 A7 号''新早 13 号'，与我国深纹核桃中'漾濞泡核桃''大姚三台核桃''华宁大白壳核桃'作亲本，进行远缘种间杂交研究，在世界核桃杂交史上尚属首例。按照育种程序，经 30 多年的试验研究，已培育出早实、早熟、丰产、优质及耐寒的'云新高原''云新云林''云新 301''云新 303'和'云新 306'5 个早实杂交核桃新品种，并通过云南省林木品种审定委员会审定。目前，在云南、贵州、广西、四川、湖南、湖北等地推广栽培面积达 500 多万亩。

2. 晚实杂交新品种培育

在 20 世纪 80 年代，大理白族自治州漾濞县林业局，采用'漾濞泡核桃'与'娘青核桃'作亲本，进行种内杂交，培育出适应性强、丰产的杂交新品种'漾杂 1 号''漾杂 2 号'及'漾杂 3 号'，已通过云南省林木品种审定委员会审定，并在大理、临沧等州(市)进行推广。

(三)引种驯化

云南省不但重视大力发展本省的优良核桃品种，也十分重视引进国内外的核桃良种。

1. 国内引种

云南省林业厅于 1963～1965 年，从新疆地区引种新疆早实核桃种子，在省内 100 多个县(市、区)开展种植试验。从目前引种驯化情况来看，无论是实生繁殖保留下来的单株还是嫁接繁殖的植株，均表现易衰老、长势差、抗病虫能力弱、生态适应性差等特点。

在云南一些核桃产区，同地生长着云南泡核桃和新疆早实核桃，经天然杂交授粉，无论用云南泡核桃种子还是新疆核桃种子实生繁殖后，都有少部分实生单株表现出早实、丰产、优质的性状，既有云南核桃仁饱满、口感佳、品质优良等优点，又有新疆核桃早实、抗寒等特色。具有综合性状的优株，是引种新疆核桃的新希望。

1967～1975 年，云南省林业和草原科学院由于培养早实核桃新品种需要，曾多次到新疆的和田、阿克苏等地调查采集新疆早实核桃优株接穗，在新疆林业科学院的大力帮助下，引进新疆早实、丰产、优质的优株接穗，用作种间杂交亲本材料。

2000～2015 年，曲靖的沾益、师宗、陆良，迪庆的香格里拉，丽江的玉龙，昭通的鲁甸、昭阳等县(区)林业局曾多次从新疆地区引入早实核桃品种'新新 1

号''新新 2 号''新新 3 号'及'温 185 号',从山东果树研究所引进'香玲'
等新品种,经栽培观察,发现它们的生长发育、开花结果表现均不及原产地。

2. 国外引种

美国是世界核桃良种化栽培较好的国家。1995～1996 年及 1998 年,云南省
林业和草原科学院分别从美国加利福尼亚引进'培尼'('Payne')、'哈特利'
('Hartley')、'福兰克蒂'('Franquette')、'希尔'('Serr')、'强特勒'
('Chandler')及'维纳'('Vina')6 个主栽品种,分别在昆明、沾益、新平
等地开展引种栽培试验。经观察发现它们在各试验点生长发育、开花结实均不
及原产地,生态适应性较差。

第三节　云南核桃主要栽培品种

　一、传统栽培品种

云南省林业和草原科学院于 1964～1968 年在对云南省核桃种质资源调查的
基础上,经分析、评比、鉴定,筛选出 20 多个传统农家核桃栽培品种,具体介
绍如下。

1. '漾濞泡核桃'(审定号:云 S-SV-JS-003-2012)

地方优良品种。5～7 年进入初产期,12～15 年进入盛产期,初产期干果产
量 890kg/hm²,盛产期干果产量 6320kg/hm²。坚果扁圆形,果基略尖,果顶圆,
三径均值 3.63cm,平均单果重 15.4g。果面麻,色浅,平均壳厚 1.1mm,内褶壁
及横隔膜纸质,易取整仁,核仁饱满,味香不涩。平均出仁率 55.6%,含油率
69.28%左右,蛋白质含量 20.7%左右。嫁接繁殖,铁核桃 1 年生实生苗作砧木,
砧木嫁接时留 4～5cm,选择芽饱满、实心的优株母树枝条作接穗,嫁接一般在冬
春季节进行,每亩育苗 1.2 万～1.5 万株,嫁接完成后培育一年即可供造林。选择
适宜的栽培地区及立地条件,休眠期种植,大穴整地,株行距 7m×9m,施足基肥,
主枝开心形培养树形,粮林间作,加强水肥管理,综合防治病虫害及鸟兽害。

适用于云南省海拔 1300～2500m(1800～2100m 长势最好),年均温 13～16℃,
年降水量 900mm 以上的酸性及中性土壤地区种植。'漾濞泡核桃'果实如图 4-5
所示。

2. '大姚三台核桃'(审定号:云 S-SV-JS-004-2012)

地方优良品种;6～8 年进入初产期,15～25 年进入盛产期,初产期干果产
量 75～150kg/hm²,盛产期干果产量>2700kg/hm²;坚果倒卵圆形,果基尖,果
顶圆,三径均值 3.04cm,平均单果重 10.5g;种壳较光滑,色浅,缝合线窄,上

图 4-5　'漾濞泡核桃'
A. 结果状；B. 种实

部略突，结合紧密，尖端渐尖，平均壳厚 1.1mm，内褶壁及横隔膜纸质，易取整仁，平均出仁率 50.6%；核仁充实，饱满，色浅，味香醇、无涩味，含油率 71.52%左右，蛋白质含量 14.7%左右。嫁接繁殖，铁核桃 1 年生实生苗作砧木，砧木嫁接时留 4～5cm，冬春季节嫁接，每亩育苗 1 万～1.2 万株，育 1 年生嫁接苗可造林。选择适宜的栽培地区及立地条件种植，12 月至次年 1 月种植，大穴整地，株行距 7m×8m，施足基肥，主枝开心形、主干分层形培养树形，粮林间作，加强水肥管理，综合防治病虫害及鸟兽害。

　　适用于云南省海拔 1600～2600m，年均温 12.7～17℃，年降水量 800～1000mm，土层深厚、酸性及中性土壤地区种植。'大姚三台核桃'果实如图 4-6 所示。

图 4-6　'大姚三台核桃'
A. 结果状；B. 种实

3. '华宁大砂壳核桃'（审定号：云 S-SV-JS-012-2013）

　　地方优良品种。树皮幼时平滑，老则纵裂、翘起，叶长卵形，先端微尖，全缘，下面脉腋簇生淡褐色毛，以顶芽结果为主，柱头淡黄色，果嫩时有毛，老则脱落。果实 9～10 月成熟；6～7 年生树可进入初产期，产量达 670kg/hm²，13 年生树可进入盛产期，产量 2700kg/hm² 以上，平均单果重 20.3g。平均壳厚 1.13mm，平均出仁率 56.45%，粗脂肪含量 72.96%左右，蛋白质含量 15.7%左右。果大，壳薄，仁白，取仁易，遗传稳定。嫁接繁殖，用铁核桃实生苗作砧木，采用切接、插皮接或劈接等方法嫁接。定标穴规格为 1m×1m×1m，栽植株行距 7m×8m，休眠期种植，定植后施足基肥，浇足定根水，薄膜覆盖。每年追肥两次，7～8 月以氮磷钾复合肥为主，秋冬季以有机肥为主。开心形或主干疏层形整形，加强肥水管理，去雄疏果，合理负载，综合防治病虫害与鸟兽害。

适宜于滇中、滇东南，海拔 1600～2100m，年降水量 800～1100mm，年均温 13～16.9℃，≥10℃活动积温 3900～5300℃，红壤、黄棕壤、紫色砂壤地区种植。'华宁大砂壳核桃'果实如图 4-7 所示。

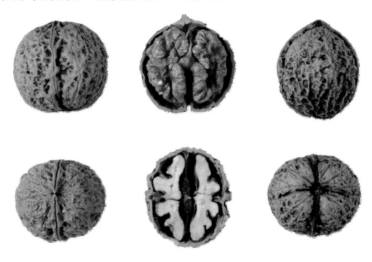

图 4-7 '华宁大砂壳核桃'

4. '华宁大白壳核桃'（审定号：云 S-SV-JS-003-2014）

树体高大，分枝力强。晚实品种，嫁接苗栽后 5～6 年始果，7～13 年为初产期，产量在 750kg/hm² 以上，14～20 年进入初盛产期，产量在 2250kg/hm² 以上，20 年后进入盛产期，产量在 3750kg/hm² 以上。坚果较大，端正，三径为 3.8cm×4.0cm×3.6cm，卵圆形，平均单果重 15.8g。壳面白，较光滑，壳厚 0.9～1.0mm，取仁易，出仁率 54%～58%，仁白中带淡紫，食味香醇，蛋白质含量达 20.3%，粗脂肪含量达 67.4%。嫁接繁殖，1 年生铁核桃实生苗作砧木，嫁接 1 年后定植。选择立地条件较好的四旁地及农耕旱地种植，定植穴规格 100cm×100cm×80cm，施足底肥，株行距为 7m×9m。12 月至翌年 2 月上旬定植，种植后加强水肥管理，1.5m 左右高处定干，培育成主干分层树形，及时防治病虫害与鸟兽害。

适宜华宁县及周边气候相近，海拔 1600～2100m，年均温 13～16.0℃，年降水量≥800mm，≥10℃活动积温 3900～5300℃，年均日照 1800 小时以上的红壤、黄棕壤、紫色砂壤地区种植。'华宁大白壳核桃'果实如图 4-8 所示。

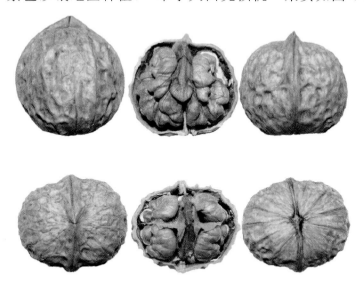

图 4-8 '华宁大白壳核桃'

5. '昌宁细香核桃'（审定号：云 S-SV-JS-012-2015）

'昌宁细香核桃'又名'保山细香核桃''细核桃'。树体高大，晚实品种，6～8 年进入初产期，初产期干果产量达 900kg/hm²，12～15 年进入盛产期，盛产期干果产量达 3900kg/hm²。坚果圆球形，平均单果重 10.15g，壳厚 0.6～0.8mm，取仁易，饱满，食味香醇，出仁率 57.6%左右，含油率 67.6%左右，蛋白质含量 17.9%左右，核果表面麻点密、明显。嫁接繁殖，以 1 年生铁核桃为砧木，休眠期种植，大穴整地，每亩定植 8～12 株，施足基肥。采用主干分层形树体结果体系，适时回缩复壮树体，林粮间作，加强肥水管理，综合防治病虫害与鸟兽害。

适宜于云南省西南部，海拔 1500～2200m，年均温 13～17℃，年降水量 1000～1700mm，≥10℃活动积温 3200～6000℃，土壤为红壤、黄壤的地区种植。'昌宁细香核桃'果实如图 4-9 所示。

6. '红皮连串'

晚实品种，果实 9 月下旬成熟。坚果近圆形，两肩平，底部圆，外观较光滑。每雌花序着生雌花 3～10 朵，多 4～5 朵，结果成串状。7～9 年进入盛产期，盛产期冠影产仁量平均 0.23kg/m²，三径 3.23cm×3.36cm×3.10cm，平均单果重 12.8g，平均壳厚 1.2mm。内褶壁不发达，隔膜纸质，可取整仁，仁色浅黄色，核仁饱满，味香，出仁率 54.2%，平均含油率 68%。嫁接繁殖，冬春季定植，选

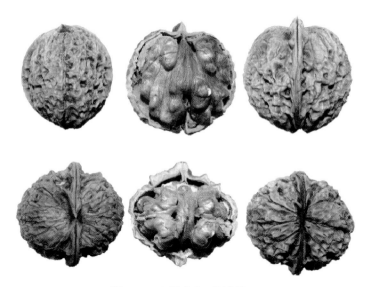

图 4-9　'昌宁细香核桃'

择适宜的栽培地区及立地条件,休眠期种植,大穴整地,株行距(7～8)m×(8～9)m,施足基肥,主干开心形,林粮间作,加强水肥管理,综合防治病虫害与鸟兽害。

适宜于滇东北海拔 1700～2300m,以及云南省其他海拔 1900～2350m,年均温 12.0～15.0℃,年降水量 900～1000mm,≥10℃活动积温 3000～5500℃,土壤为红壤的地区种植。

7.'圆菠萝核桃'

'圆菠萝核桃'(又称'阿本冷核桃')为地方优良品种,主要分布在漾濞县。晚实,5～7 年进入初产期,12～15 年进入盛产期,初产期干果产量达 1282.5kg/hm²,盛产期干果产量达 2850kg/hm²,以'漾濞泡核桃'为对照,分别超过对照 35% 和 31%。坚果扁圆形,果基平,果顶渐尖,果面麻、刻点密而稍浅,壳色较深,缝合线紧密、突出,先端尖。三径均值 3.72cm,平均壳厚 1.34mm,平均单果重 14.1g,取仁易,种仁充实饱胀,仁黄白色,食味香醇,无涩味。平均出仁率 51.26%,蛋白质含量 17.4%左右,含油率 69.71%左右。嫁接繁殖。选择立地条件适宜的造林地。1m×1m 大穴整地,株行距 8m×8m,施足基肥,浇足定根水,薄膜覆盖,休眠期种植;集约化经营管理。

适宜于滇西、滇中、滇西南、滇南北部,海拔 2200～2600m,年均温 9～16℃,年降水量 800～1600mm,≥10℃活动积温 4800～5700℃的中性、微酸或者碱性土壤地区种植。'圆菠萝核桃'果实如图 4-10 所示。

8.'草果核桃'

'草果核桃'为早期的云南核桃无性繁殖品种,主要栽培于漾濞、洱源、巍山等地,分布地的海拔为 2000～2300m。

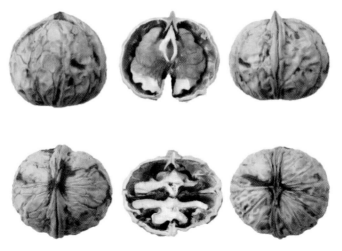

图 4-10　'圆菠萝核桃'

　　坚果长圆形，果基及果顶尖削，形似草果，纵径 4.1cm，横径 3.1cm，棱径 2.0cm，重 10.2g。壳面麻，缝合线中上部突起，渐尖，壳厚 0.9～1.0mm。内褶壁和横隔膜纸质，易取整仁。核仁重 5.0g，出仁率 48.8%，核仁较饱满，色浅，味香，含油率 69%。

　　该品种核桃树的树体较小，分枝角度小，新梢多而细，褐色或绿褐色，小叶 7～11 片。雌先型。每雌花序着生雌花 2 朵。多顶枝结果，侧枝结果率 20%。3 月上旬发芽，3 月中旬雌花开放，3 月下旬雄花散粉，9 月上旬坚果成熟。

　　该品种坚果较小，品质上等，商品价值较高，产量比较稳定，树干容易空心。该品种主要适宜在滇西地区海拔 2000～2300m 的山地栽培。'草果核桃'形状详见图 4-11。

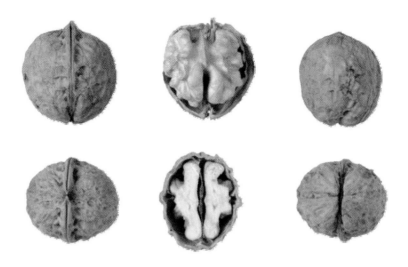

图 4-11　'草果核桃'

9. '鸡蛋皮核桃'

'鸡蛋皮核桃'为早期的云南核桃无性繁殖品种，因坚果壳特别薄而得名，主要栽培于漾濞、巍山、洱源、云龙、大理等地，分布地的海拔为 1850～2400m。

坚果椭圆形，果基略尖，果顶圆，纵径 4.0cm，横径 3.4cm，棱径 3.2cm，单果重 11.9g。壳面麻点较浅，色浅，缝合线窄，中上部略突，结合紧密，尖端渐尖，壳厚 0.75mm。内褶壁革质，横隔膜纸质，易取整仁。核仁重 6.7g，出仁率 51.9%～56.0%，核仁饱满、色浅、香、脆、无涩味，核仁含油率 65.0%～68.7%。盛果期株产果 25～30kg。每平方米冠影产仁量 0.16kg。

该品种核桃树的树姿开张，成年树冠径 10.0～13.0m，发枝力 1∶1.2，小枝黄褐色，下垂。小叶 9～11 枚，少数为 7 或 13 枚，椭圆状披针形，渐尖。雌雄花同熟，每雌花序着生雌花 2 或 3 朵，稀 1 或 4 朵。果枝率 57.1%，坐果率 88.9%。顶芽或第一、二侧芽发枝结果；单果率 15.6%，双果率 43.8%，三果率 40.6%；每果枝平均坐果 2.25 个。在产地，该品种核桃树 3 月上旬发芽，3 月下旬雄花散粉和雌花盛开，9 月上旬坚果成熟。果实长椭圆形，三径均值 4.8cm，青皮厚 0.7～0.8cm。

该品种树体小，果枝率及坐果率较高，坚果早熟，壳薄，出仁率较高，香脆可口，品质上等，是优良生食及核仁加工用品种。主要适宜在滇西地区海拔 1800～2400m 的山地栽培。'鸡蛋皮核桃'果实如图 4-12 所示。

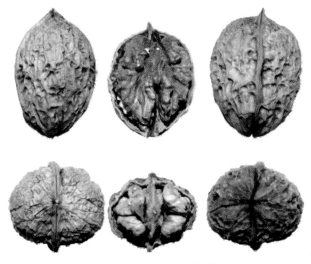

图 4-12　'鸡蛋皮核桃'

10. '滑皮核桃'

'滑皮核桃'为早期的云南核桃无性繁殖品种，主要栽培于巍山、漾濞、大理、洱源等地，分布地的海拔为 1800～2400m。

坚果圆形，果基稍平，果顶圆，纵径 3.4cm，横径 3.8cm，棱径 3.4cm，单果重 11.9g。壳面较光滑，缝合线平，结合紧密，尖端渐尖，壳厚 1.1mm。内褶壁革质，横隔膜革质，可取 1/2 仁。核仁欠饱满，仁重 6g，出仁率 50.2%。仁色黄褐，味香，含油率 70%左右，含蛋白质 19.1%。晚实，盛果期单株产果量约 50kg，每平方米冠影产仁量 0.13kg。

该品种核桃树的树姿开张，发枝力 1∶1.25。树枝黄绿色或绿褐色。侧花芽占 30%，果枝率 58.3%，坐果率 76.3%。多为双果和单果，少量三果，少有四果及多果。小叶 7～13 枚，多 9～11 枚。雌先型。产地的该品种核桃树 3 月上中旬发芽，3 月下旬雌花盛开，4 月上中旬雄花散粉，9 月中旬坚果成熟。

该品种坚果光滑美观。核仁欠饱满，仁色深，风味欠佳，不宜大量发展。主要适宜在滇西地区海拔 1800～2400m 的山地栽培。'滑皮核桃'果实如图 4-13 所示。

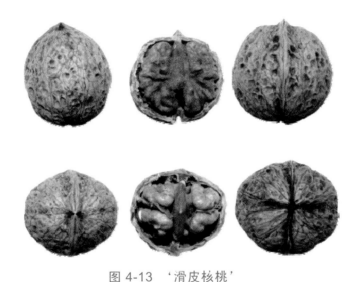

图 4-13　'滑皮核桃'

11. '早核桃'

'早核桃'（又称'南华早核桃'）为早期的云南核桃无性繁殖品种，主要栽培于楚雄、南华等县(市)，其分布地的海拔为 1500～2200m。

坚果扁圆形，果基圆，果顶平，纵径 3.4cm，横径 3.5cm，棱径 2.7cm，重 8.2g。壳面麻，刻纹较浅，较光滑，色浅，缝合线中上部略突起，尖端渐尖，壳厚 0.85mm。内褶壁退化，横隔膜纸质，可取整仁。核仁重 4.3g，出仁率 52%。核仁较饱满，仁色浅，味略香，无涩味。含油率 67.6%。盛果期每株产果 25～30kg，产量较低，每平方米冠影产仁量 0.13kg。

该品种核桃树的树姿开张，树冠径约 11m，发枝力 1∶1.36。小叶 5～11 枚，多为 9 枚。雌先型。每个雌花序着生雌花 1～3 朵。果枝率 66.1%，每果枝平均坐果 1.8 个,其中单果率 27.5%,双果率 69.4%,三果率 2.8%,四果及以上 0.3%。该品种 8 月下旬坚果成熟,为早熟品种。

该品种坚果较小,早熟,壳薄,仁饱满,色浅、味香,质量上等,但产量偏低。主要适宜于滇中海拔 1500～2200m 的地区栽培。'早核桃'果实如图 4-14 所示。

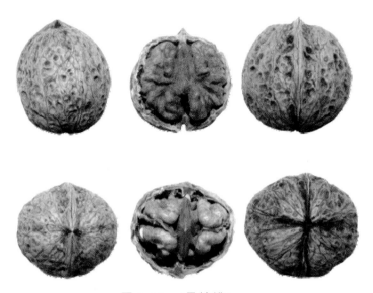

图 4-14   '早核桃'

12. '小泡核桃'

'小泡核桃'(又称'小核桃')为早期的云南核桃无性繁殖品种,主要栽培于漾濞、巍山、大理等县(市),其分布地的海拔为 1500～1870m。

坚果小,圆形,果基平,果顶圆,纵径 2.9cm,横径 3cm,棱径 2.8cm,果重 7.7～8.1g。壳面麻、色浅、缝合线稍突,结合紧密,尖端钝尖,壳厚 1.01～1.1mm。出仁率 47.3%～50.0%,仁含油率 65.7%～69.2%,含蛋白质 17.3%。盛果期单株产果 30.0～61.5kg,每平方米冠影产仁量 0.2kg。

该品种核桃树的树姿直立,树冠紧凑,呈卵圆形。发枝力 1∶1.5。小叶多为 9 枚,稀 7 或 11 枚。叶基圆,卵状披针形、渐尖。雌先型。每雌花序着生雌花 2 或 3 朵,稀 1 或 4 朵。果枝率 61.1%,坐果率 87.6%。单果率 15%,双果率 55%,三果率 27%,四果及以上 3%。平均每果枝坐果 2.2 粒。在产地,小泡核桃树 3 月上旬发芽,3 月下旬雌花盛开,4 月上旬雄花散粉,8 月下旬坚果成熟。

该品种丰产性好,连续抽生果枝力强,大小年结果不是十分明显,坚果品质中上等,果实成熟期比其他品种早 15 天左右。适宜滇西海拔 1500～1900m 的地区栽培。'小泡核桃'果实如图 4-15 所示。

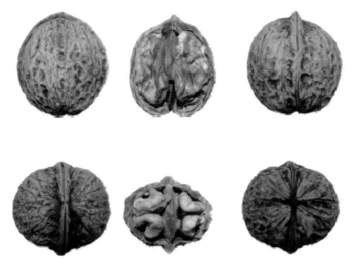

图 4-15　'小泡核桃'

13. '老鸦嘴核桃'

'老鸦嘴核桃'为早期的云南核桃无性繁殖品种，主要栽培在云龙、漾濞、永平等地，其分布地的海拔为 1800～2400m。

坚果近圆形，果基圆，果顶圆，纵径 3.9cm，横径 4.3cm，棱径 4cm，坚果重 17g。壳面麻，色浅，缝合线略突起，结合紧密，尖端渐尖，形似鸦嘴，尖嘴长 1cm，壳厚 1.4mm。内褶壁和横隔膜革质，可取 1/4 仁。仁重 7.99g，出仁率 45.2%。仁饱满，色浅，味香，无涩味。仁含油率 69.4%，晚实，盛果期每株产坚果 30～50kg，每平方米冠影产仁量 0.18kg。

该品种核桃树的发枝力弱，为 1∶1.31。小叶 7～15 枚，多为 11～13 枚；椭圆状披针形。雄先型，每雌花序着生雌花 2 或 3 朵，稀 1 或 4 朵。顶芽发枝结果，果枝率 61.8%，坐果率 86.3%；结单果率 14.3%，双果率 61.9%，三果率 23.8%。平均每果枝坐果 2.11 个。9 月下旬果成熟。

该品种果枝率和坐果率较高，核仁色浅，味香，但坚果壳厚，品质欠佳。适宜在滇西海拔为 1800～2400m 的地区栽培。

14. '娘青核桃'

'娘青核桃'（又称'凉气夹绵核桃'）为地方优良品种，主要分布在漾濞县。晚实，4～8 年进入初产期，15～20 年进入盛产期。丰产，平均每果枝坐果 2.48 个，初产期干果产量达 1032kg/hm^2，盛产期干果产量达 5584kg/hm^2，以'漾濞泡核桃'为对照，分别超过对照 549%和 194%。坚果卵圆形或长扁圆形，果基圆，果顶尖，果面麻、刻点密而稍浅，壳色较深，缝合线紧密、平，先端尖，三径均值 3.28cm，平均壳厚 1.27mm，平均单果重 12.4g，内褶壁革质，隔膜革质，取仁尚易，能取整仁或半仁，种仁充实饱胀，仁淡紫色或有明显的紫色脉络，食味香醇，无涩味。平均出仁率 50.7%，蛋白质含量 15.8%左右，含油率 69.79%左右。抗寒，耐贫瘠，抗病虫害能力强。嫁接繁殖。选择立地条件适宜的造林地，1m×1m 大塘整地，株行距 8m×8m，施足基肥，浇足定根水，薄膜覆盖，休眠期种植；集约化经营管理。

适宜于滇西、滇中、滇西南、滇南北部，海拔 1600～2600m，年均温 12～18℃，年降水量 400～1200mm，≥10℃活动积温 4800～5700℃的中性、微酸或者碱性土壤地区栽培。'娘青核桃'果实如图 4-16 所示。

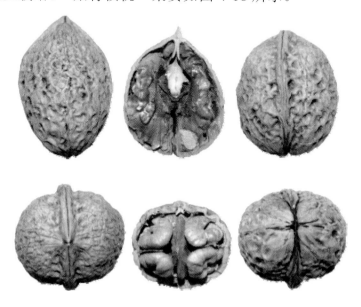

图 4-16　'娘青核桃'

15. '大屁股夹绵核桃'

'大屁股夹绵核桃'为早期的云南核桃无性繁殖品种，主要栽培于漾濞县，零星分布，种植地适宜的海拔在 2000m 左右。

坚果扁圆形，果基宽平，中间略凹，果顶圆，重 14g。壳面麻，缝合线中上部突起，结合紧密，尖端钝尖，壳厚 1.3mm。内褶壁和横隔膜革质，只能取碎仁。仁重 5.89g，出仁率 41.4%，核仁色浅，味香不涩，含油率 66.4%～69.6%。盛果期株产坚果约 30kg。

该品种核桃树的树势旺，树姿直立，成年树冠径约 9m。小叶 7～11 枚，多为 9 枚。雌雄同熟。在产地，该品种核桃树 3 月上旬发芽，雌雄花期同在 3 月下旬至 4 月上旬，9 月中旬坚果成熟。

该品种产量不高，坚果品质中下等，但适应性强，宜于荒地栽培。适宜在滇西海拔 2000m 左右的地区栽培。'大屁股夹绵核桃'果实如图 4-17 所示。

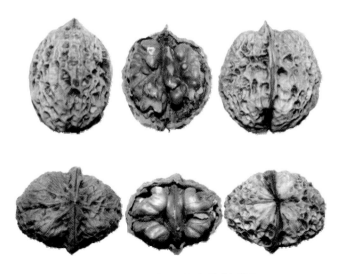

图 4-17　'大屁股夹绵核桃'

16. '大泡核桃夹绵'

'大泡核桃夹绵'（又称'方核桃'）为早期的云南核桃无性繁殖品种，主要栽培于漾濞县，分布零星，多种于海拔 1890～2100m 的地带。

坚果扁圆形，果基平，果顶宽圆，渐尖，有 4 棱，单果重 15.29g。壳面麻，缝合线中上部突起，结合紧密，壳厚 1.2～1.3mm。内褶壁和横隔膜革质，可取 1/2 仁。出仁率 48.3%。核仁较饱满，色浅，味香，仁含油率 70.7%。盛果期单株产果量约 45kg。

该品种核桃树的树体小，树姿开张，成年树高约 7.5m，冠径约 8m，枝条黄褐色，稍扭曲。小叶 9～11 枚，深绿色，椭圆状披针形。8 月下旬坚果成熟。该品种主要适宜在滇西海拔 1800～2100m 的地区栽培。'大泡核桃夹绵'果实如图 4-18 所示。

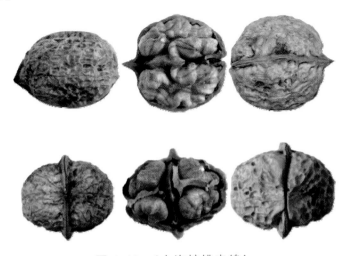

图 4-18　'大泡核桃夹绵'

17. '小核桃夹绵'

'小核桃夹绵'是早期的云南核桃无性繁殖品种，主要栽培于漾濞县，分布零星，多种于海拔 1500～1700m 的地带。

坚果圆形，果基圆，果顶圆，三径均值 3.1cm，重 8.7g。壳面麻，壳厚 1.3mm。内褶壁和横隔膜革质，取仁难。核仁重 3.8g，出仁率 43.4%，仁饱满，色浅，味香，不涩，仁含油率 68.2%。

该品种核桃树的树体较小，树姿开张。小枝褐色或灰褐色。小叶 5～7 枚，深绿色，卵状披针形，雌雄同熟。3 月上旬发芽，3 月下旬至 4 月上旬为雌雄盛花期，9 月上旬坚果成熟。

该品种产量稳定，坚果品质下等，适宜于滇西 1500～1700m 的低海拔地区栽培。

18. '弥渡草果核桃'

'弥渡草果核桃'（又称'纸皮核桃'）为云南省后期选优的云南核桃无性繁殖品种，主要栽培于弥渡、祥云等地，种植地的海拔为 1800～2300m。

坚果椭圆形，果底和果顶圆，纵径 3.1cm，横径 3.1cm，棱径 2.9cm，单果重 7.8g。壳面较光滑，淡黄色，缝合线窄，结合紧密，尖端渐尖，壳厚 0.9mm。内褶壁及横隔膜纸质，易取整仁。核仁重 4.9g，出仁率 63%，核仁充实饱满，色浅，味香，无涩味。仁含油率 71.8%。盛果期单株产果 30～50kg，每平方米冠影产仁量 0.18kg。

该品种核桃树的树势中等，树姿直立，分枝力弱，1∶1.17；新梢黄褐色。小叶 7～13 枚，多 9～11 枚，椭圆状披针形，渐尖。每雌花序着生雌花 2 或 3 朵，稀 1 或 4 朵。以顶芽发枝结果为主，果枝率 67.4%，坐果率 71.7%。每果枝平均坐果 2.2 个，其中单果率 16%，双果率 48%，三果率 36%。果实早熟，于 8 月中旬成熟。

该品种坚果小，约 128 个/kg，但丰产性好，果枝率高，成熟早，果壳薄，出仁率高，品质好，是理想的早熟核桃品种。适宜在滇西海拔 1800～2300m 的地区栽培。'弥渡草果核桃'果实如图 4-19 所示。

19. '泸水 1 号'

'泸水 1 号'（又称'马核桃'）为云南省后期选优的云南核桃无性繁殖品种，主要栽培于泸水市，种植地的海拔为 1700～2300m。

9 月中旬坚果成熟，盛果期每株产干果 28～58kg，盛产期冠影产仁量平均 0.23kg/m^2。坚果阔扁圆形，果基圆，果顶圆渐尖，三径 3.7cm×3.9cm×3.5cm，平均坚果重 14.1g。壳面较麻，色浅，缝合线宽而突起，结合紧密，平均壳厚 1.15mm。内褶壁及横膈膜纸质，易取整仁。平均仁重 7.5g，出仁率 53%，核仁

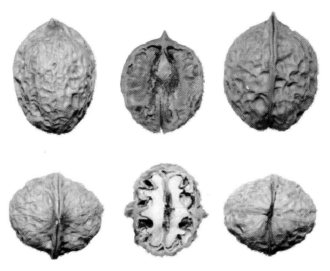

图 4-19　'弥渡草果核桃'

饱满，黄色，味香，不涩。仁含油率 74%。嫁接繁殖，冬春季定植，选择适宜的栽培地区及立地条件，株行距(7～8)m×(7～9)m，施足基肥，加强水肥管理，综合防治病虫害与鸟兽害。

适宜于怒江海拔 2000～2200m 的地区种植。'泸水 1 号'果实如图 4-20 所示。

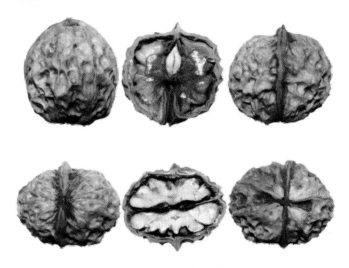

图 4-20　'泸水 1 号'

20.'水箐夹绵核桃'

'水箐夹绵核桃'为云南省后期选优的云南核桃无性繁殖品种，主要栽培于凤庆、昌宁，其种植地的海拔为 1750～2100m。

坚果椭圆形，果基及果顶圆，纵径 3.7cm，横径 3.4cm，棱径 3.3cm，单果重 11.5g。壳面粗糙，缝合线突起，结合紧密，尖端钝尖，壳厚 1.3～1.4mm。内褶壁和横隔膜革质，可取 1/4 仁。仁饱满，仁重 4.9g，出仁率 42.7%，仁色浅，味香，不涩。仁含油率 70.5%。1 年生嫁接苗定植后 10 年左右结果，盛果期每株产果 20～40kg，每平方米冠影产仁量 0.17kg。

该品种核桃树的树势较强，树姿较直立，分枝角度小，分枝力低，树冠松散，呈扫帚状。成年树冠直径约 9.5m，发枝力 1∶1.2。枝条绿色，密集圆形混合花芽，呈聚生状结果(7～35 个果)，一株树偶见 10 多个结果团。小叶 9～13 枚，椭圆状披针形，渐尖。果枝率 62.2%，坐果率 86.8%，其中单果率 9.5%，双果率 24.3%，三果率 60.8%，四果以上的结果率 5.4%。平均每果枝坐果 2.6 个。9 月下旬坚果成熟。

该品种最突出的特点是偶有果枝会出现密集状的结果现象，果产量高，但不易取仁，出仁率较低。适宜在滇西及滇南北部地区，海拔 1700～2100m 的地带栽培。

21. '小红皮核桃'

'小红皮核桃'（又称'小米核桃'）主要分布在会泽、昭通、曲靖等地。

坚果扁卵形，果基略尖，果顶平，坚果小，纵径 3.2cm，横径 3.4cm，棱径 2.8cm，单果重 9.1g。壳面较光滑，缝合线结合紧密，尖端钝尖，壳厚 0.8mm。内褶壁和横隔膜纸质，易取整仁。核仁重 5.1g，出仁率 55.6%。核仁充实饱满，色浅，味香醇，无涩味。仁含油率 66.6%。该品种青果时向阳面皮色呈红色。坚果小，较光滑，出仁率高，坚果品质中上等。适宜在滇东及滇东北地区海拔 1800m 左右的地带栽培。'小红皮核桃'果实如图 4-21 所示。

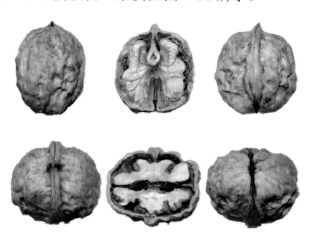

图 4-21　'小红皮核桃'

22. '紫仁核桃'

'紫仁核桃'（又称'紫米核桃'），主要分布于滇西北的迪庆、丽江，滇中和滇东北的昭通、曲靖及昆明、玉溪等州(市)。果实形状以圆形或卵形为主，果壳刻纹一般较深，缝合线紧密，取仁较易，仁色可细分为紫红色、紫色、浅紫色和花紫色等多种，仁饱满饱胀，食味香甜。果实一般纵径 2.62～3.93cm，横径 2.80～4.10cm，棱径 2.56～3.50cm，单果重 7.57～16.66g，仁重 3.89～8.80g，壳厚 0.59～1.98mm，出仁率 42.54%～61.58%，含油率 25.90%～67.62%，蛋白质含量 12.02%～15.43%。'紫仁核桃'果实及种仁如图 4-22 所示。

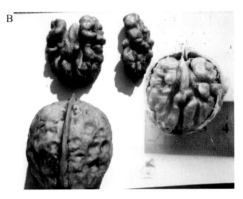

图 4-22　'紫仁核桃'
A. 结果状；B. 果实及种仁

　　除此 20 余个云南核桃品种外，还有分布在滇东及滇东北一带的'大白核桃'；分布于洱源、曲靖、昭通等地的'大麻核桃'；分布在鲁甸的'二麻核桃'；分布在洱源的'火把糯核桃'；分布在漾濞的'马米咯核桃'等品种。这些品种零星分散，种植面积不大，果产量较小，果的品质处中下等，不是主要发展的云南核桃品种。目前云南省大力推广发展的是'漾濞泡核桃'和'大姚三台核桃'两个优良的云南核桃品种，其他品种可根据各地的气候条件或开发用途进行发展。

二、实生选育品种

　　20 世纪 60 年代至今，云南省林业和草原科学院及各州(市)林业科学研究所、推广站等单位，在全省核桃种质资源调查的基础上，开展核桃实生选育工作，选育出一批优良品种。现将通过审定和部分通过认定的优良品种(无性系)简要介绍如下。

1. '漾江 1 号'（审定号：滇 S-SV-JS-002-2006）

该品种由大理白族自治州林业和草原科学研究所选育。

树势中等，树冠开心形，盛果期树高达 16m；该品种 3 月上中旬芽萌动，3 月下旬至 4 月上旬雄花期，4 月上中旬雌花期；9 月中下旬果实成熟，10 月下旬落叶。高产，冠影产仁量达 258g/m²；优质，坚果三径为 3.3cm×3.8cm×4.0cm，单果重达 16.5g，壳厚 1.0mm，取仁极易，可取整仁，出仁率高达 61.9%，仁饱满，黄白色，味香，脂肪含量达 72%，蛋白质含量达 14.5%；抗性强。嫁接繁殖，多采用枝接法，一般春节前定植，挖大穴，施基肥，定植浇水后覆盖，定植密度一般在 10 株/亩，可间作，每年翻耕 1 或 2 次，合理施肥，综合防治病虫害与鸟兽害。

适宜于云南省海拔 1800～2300m，年平均气温 12～15℃，年均降水量 800～1200mm，保水透气良好的壤土、砂壤土，以疏松、肥沃、有机质含量高，土层深度在 1m 以上为佳，pH 5.5～7.0 的地区种植。‘漾江 1 号’果实如图 4-23 所示。

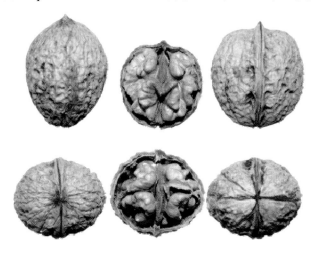

图 4-23　‘漾江 1 号’

2. ‘鲁甸大麻 1 号’（审定号：云 S-SV-JS-009-2014）

该品种由鲁甸县林业和草原局及云南省林业和草原科学院共同选育。

树势开张，主枝平展；叶长披针形，可达 17 片；顶芽圆锥形，侧芽圆球形，主副芽芽距明显，部分主芽有短芽柄；主芽芽鳞裂开明显，枝皮腺点稀少呈长条形，皮光滑具蜡光感；成熟休眠枝深褐色。果皮腺点突出呈灰褐色，高接后 3～4 年始花始果。侧枝结果率 40.2%左右，花枝率 61.4%左右，果枝率 62.6%左右，每花枝着花数 2.7 朵左右，每果枝坐果 2.4 个左右，3～6 年进入初产期，8 年进入盛产期，初产期产量达 $300kg/hm^2$，盛产期产量达 $1500kg/hm^2$；坚果扁圆球形，缝合线狭窄，突出且紧密，壳麻刻纹深、大；三径均值 3.66cm，壳厚 0.89mm 左右，单果重 14.44g 左右，仁重 7.23g 左右，出仁率 50.07%左右，含油率达 74%，仁白饱满，口感细腻，香甜无涩味。嫁接繁殖，1 年生铁核桃实生苗作砧木，嫁接 1 年后定植。休眠期定植，定植穴规格 100cm×100cm×80cm，施足底肥，株行距为 6m×8m 或 5m×6m，采用主干分层形树体结果体系，适度回缩复壮树体，林粮间作，加强肥水管理。及时防治病虫害与鸟兽害。

适宜鲁甸及周边气候相近，海拔 1600～2200m，年均温 13～16.0℃，年均降水量 800mm 以上，年均日照 1800 小时以上的砂壤、红壤、黄壤、紫色土地区种植。'鲁甸大麻 1 号'果实如图 4-24 所示。

图 4-24　'鲁甸大麻 1 号'

3. '鲁甸大麻 2 号'（审定号：云 S-SV-JS-013-2015）

由云南省林业和草原科学院及鲁甸县林业和草原局共同选育。

树势中等，树形紧凑，生长较快，分枝力强，花枝率、果枝率高，内堂挂果能力强。1 年生嫁接苗 3～4 年开花结果，果实 9 月上旬成熟。果皮腺点突出，核果较麻。3～5 年进入初产期，初产期干果产量达 300kg/hm²，6～8 年进入盛产期，盛产期干果产量达 2100kg/hm²，以'云新高原'为对照，分别超过对照 15%～20%、30%～40%；平均单果重 18.22g，出仁率 50.74%左右，三径均值 3.97cm，含油率 69.1%左右，分别超过对照 39.1%、0.2%、12.8%、0.83%；平均壳厚 1.01mm，低于对照 0.99%；刻纹浅，食味香甜无涩味。嫁接繁殖，以 1 年生铁核桃为砧木，休眠期种植，大穴整地，株行距 5m×6m 或 6m×6m 或田边地角灵活栽种，施足基肥；采用主干分层形树体结果体系，适时回缩复壮树体，林粮间作，加强肥水管理；综合防治病虫害与鸟兽害。

适宜于鲁甸及周边气候相似，海拔 1500～2200m，年均温 12～16℃，年降水量≥800mm 的砂壤、红壤、黄壤和紫色土地区种植。'鲁甸大麻 2 号'果实如图 4-25 所示。

4. '鲁甸大泡 3 号'优良无性系（审定号：云 S-SV-JS-014-2015）

由云南省林业和草原科学院与鲁甸县林业和草原局共同选育。

5～6 年进入初产期，初产期干果产量达 450kg/hm²，13～15 年进入盛产期，盛产期干果产量达 2700kg/hm²，以'漾濞泡核桃'为对照，分别超过对照 25%～30%；平均单果重 20g，出仁率 50.7%左右，三径均值 3.97cm，含油率 69.6%左

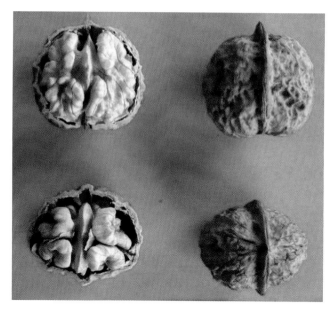

图 4-25　'鲁甸大麻 2 号'

右，分别超过对照 0.9%、1.1%、29%、0.57%；平均壳厚 1.1mm，低于对照 10.5%。嫁接繁殖，以 1 年生铁核桃为砧木，休眠期种植，大穴整地，株行距 5m×6m 或 6m×6m，或田边地角灵活栽种，施足基肥；采用主干分层形树体结果体系，适时回缩复壮树体，林粮间作，加强肥水管理；综合防治病虫害与鸟兽害。

适宜于鲁甸及周边气候相似，海拔 1500～2200m，年均温 12～16℃，年降水量≥800mm 的砂壤、红壤、黄壤和紫色土地区种植。'鲁甸大泡 3 号'优良无性系果实如图 4-26 所示。

图 4-26　'鲁甸大泡 3 号'优良无性系

A. 果实；B. 种仁

5. '庆丰 1 号'优良无性系(审定号：云 S-SV-JS-015-2015)

由昭通市昭阳区庆丰果树有限公司选育。

3～5 年进入初产期，初产期干果产量达 450kg/hm²，10 年进入盛产期，盛产期干果产量达 1500kg/hm²，以'云新高原'为对照，分别超过对照 15%～20%、

20%～30%；平均单果重18g，平均壳厚1.0mm，出仁率60%左右，三径均值3.8cm，含油率71%左右，分别超过对照27.7%、0.0%、0.5%、2.6%、3.04%。嫁接繁殖，以1年生铁核桃为砧木，休眠期种植，大穴整地，株行距5m×6m或6m×6m，或田边地角灵活栽种，施足基肥；采用主干分层形树体结果体系，适时回缩复壮树体，林粮间作，加强肥水管理；综合防治病虫害与鸟兽害。

　　适宜于昭阳区及周边气候相似，海拔1500～2300m，年均温10～16℃，年降水量≥800mm的砂壤、红壤、黄壤和紫色土地区种植。'庆丰1号'优良无性系果实如图4-27所示。

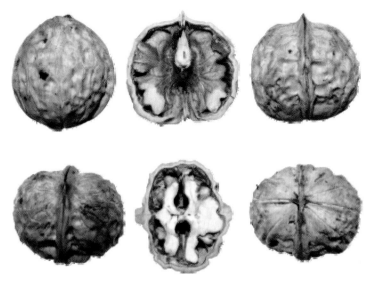

图4-27　'庆丰1号'优良无性系

　　6. '胜勇1号'优良无性系（审定号：云S-SC-JS-007-2016）

　　由云南省林业和草原技术推广总站选育。

　　树势较强，树冠紧凑；叶片浅绿色，枝条灰绿色；3月中旬雄花散粉，3月下旬雌花盛开，雌花期13天；果实8月上旬成熟，树冠投影面积产仁量达0.29kg/m²；坚果三径均值3.57cm，平均单果重11.8g，平均壳厚0.93mm，平均出仁率54.8%，含油率65.6%左右，蛋白质含量19.8%左右，种仁饱满，仁黄白色，取仁易，食味香醇。以1年生铁核桃为砧木，嫁接繁殖；休眠期植苗，株行距(5～6)m×6m，施足基肥；树形以开心形为主，林粮间作，加强肥水、树体管理和病虫害防治。

　　适宜于云南省海拔1500～2100m，年均温9～15℃，年降水量700～1000mm，≥10℃活动积温4500～5000℃的地区种植。'胜勇1号'优良无性系果实如图4-28所示。

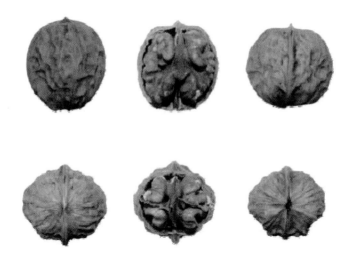

图 4-28　'胜勇 1 号'优良无性系

7.'胜霜 1 号'优良无性系(审定号: 云 S-SC-JS-008-2016)

由云南省林业和草原技术推广总站选育。

树势中庸，树形紧凑；叶片、嫩枝深绿色。3 月中旬雄花散粉，3 月下旬雌花盛开，8 月中下旬果实成熟，树冠投影面积产仁量 0.32kg/m²。坚果三径均值 3.59cm，平均单果重 10.8g，平均壳厚 0.91mm，平均出仁率 55.8%，含油率 66.36% 左右，蛋白质含量 18.2%左右，种仁饱满，仁黄白色，取仁易，食味香醇。以 1 年生铁核桃为砧木，嫁接繁殖；休眠期植苗，株行距(5～6)m×(6～7)m，施足基肥；树形以开心形为主，林粮间作，加强肥水、树体管理和病虫害防治。

适宜于云南省海拔 1800～2600m、年降水量 900～1100mm、≥10℃活动积温 4500～5000℃的地区种植。'胜霜 1 号'优良无性系果实如图 4-29 所示。

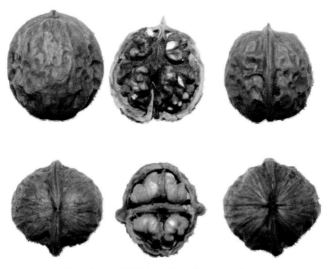

图 4-29　'胜霜 1 号'优良无性系

8. '永 11 号'优良无性系（审定号：云 S-SC-JS-009-2016）

由云南省林业和草原科学院选育。

树势中庸；小叶 7～13 枚，多 9 枚，长椭圆披针形；果实 9 月中旬成熟。坚果三径均值 3.2cm，平均单果重 11g，平均壳厚 0.9mm，平均出仁率 56%，含油率 67% 左右，蛋白质含量 17.9% 左右，仁饱满饱胀，仁黄白色，取仁易。以 1 年生铁核桃为砧木，嫁接繁殖；休眠期植苗，株行距（8～10）m×（8～10）m，施足基肥；树形以开心形为主，林粮间作，加强肥水、树体管理和病虫害与鸟兽害防治。

适宜于云南省海拔 2000～2350m，年均温 12～15℃，年降水量 900～1000mm，≥10℃活动积温 4000～5500℃的地区种植。'永 11 号'优良无性系果实如图 4-30 所示。

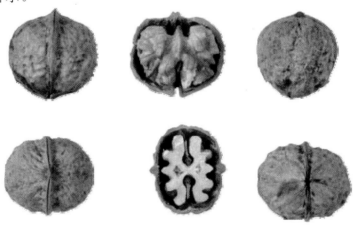

图 4-30　'永 11 号'优良无性系

9. '剑丰 1 号'优良无性系（审定号：云 S-SC-JR-005-2017）

由云南省林业和草原技术推广总站选育。

树姿开张，树皮灰白色；1 年生枝绿色，顶芽棱形或圆锥形；奇数羽状复叶 9～11 片，叶卵形、渐尖；雄先型，9 月中下旬果熟，盛产期亩产可达 580kg；坚果三径均值 3.97cm，平均单果重 15.07g；种仁饱满，仁易取，平均壳厚 1.1mm；出仁率 54.8% 左右，含油率 68.4% 左右，蛋白质含量 16.8% 左右，仁呈黄白色，食味香醇。耐寒能力强。嫁接繁殖，雨季定植，株行距（5～8）m×（6～10）m，定植穴规格 80cm×80cm×80cm；定植后加强抚育管理和病虫害与鸟兽害防治。

适宜于曲靖、大理、丽江海拔 1800～2600m，年均温 9～16℃，年降水量 800～1600mm，≥10℃活动积温 3500～5000℃及与其气候条件相似的地区种植。'剑丰 1 号'优良无性系果实如图 4-31 所示。

10. '云林 5 号'优良无性系（认定号：云 R-SC-JS-033-2015）

由云南省林业和草原科学院选育。

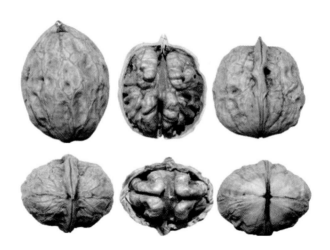

图4-31　'剑丰1号'优良无性系

3～4年进入初产期，初产期干果产量300kg/hm²，6年进入盛产期，盛产期干果产量1500kg/hm²，以'漾濞泡核桃'为对照，盛产期产量超过对照10%～20%；平均单果重13.47g，平均壳厚0.92mm，出仁率56.87%左右，含油率69.8%左右，分别超过对照3%～10%、8.6%、6.5%、0.2%；食味香醇无涩味。嫁接繁殖，以1年生铁核桃为砧木，休眠期种植，大穴整地，株行距5m×6m或6m×6m，或田边地角灵活栽种，施足基肥；2～3主枝开心形培养结果体系，适时回缩复壮树体，林粮间作，加强肥水管理；综合防治病虫害与鸟兽害。

适宜于滇东北海拔1600～2200m，年均温11～16℃，年降水量≥800mm，≥10℃活动积温3500℃左右，土壤为红壤和黄壤的地区种植。'云林5号'优良无性系果实如图4-32所示。

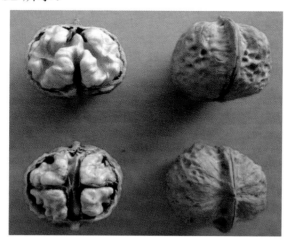

图4-32　'云林5号'优良无性系

11. '云林6号'优良无性系(认定号：云R-SC-JS-034-2015)

由云南省林业和草原科学院选育。

3～4 年进入初产期，初产期干果产量达 300kg/hm²，6 年进入盛产期，盛产期干果产量达 1600kg/hm²，以'漾濞泡核桃'为对照，盛产期产量超过对照 10%～20%；平均单果重 13.36g，平均壳厚 1.06mm，出仁率 54.79% 左右，含油率 68.9% 左右，分别超过对照 3%～10%、0.6%、6.35%、0%；食味香醇。嫁接繁殖，以 1 年生铁核桃为砧木，休眠期种植，大穴整地，株行距 5m×6m 或 6m×6m，或田边地角灵活栽种，施足基肥；2～3 主枝开心形培养结果体系，适时回缩复壮树体，林粮间作，加强肥水管理；综合防治病虫害与鸟兽害。

适宜于滇东北海拔 1600～2200m，年均温 11～16℃，年降水量≥800mm，≥10℃活动积温 3500℃左右，土壤为红壤和黄壤的地区种植。'云林 6 号'优良无性系果实如图 4-33 所示。

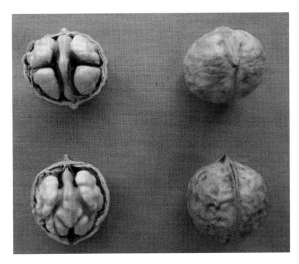

图 4-33　'云林 6 号'优良无性系

12. '云林 7 号'优良无性系(认定号：云 R-SC-JS-044-2016)

由云南省林业和草原科学院选育。

树势中庸，树冠紧凑，分枝能力强，叶色深绿，小叶为长披针形；部分主芽有芽柄，副芽明显，成熟休眠枝红褐色。果实 9 月上旬成熟，树冠投影面积产坚果 0.36kg/m²。坚果三径均值 3.40cm，平均壳厚 1.03mm，平均单果重 14.66g，平均出仁率 58.05% 左右，含油率 69.4% 左右，蛋白质含量 18.9% 左右，种实饱满，取仁易，仁色黄白，食味香醇。以 1 年生铁核桃为砧木，嫁接繁殖；休眠期植苗，株行距(8～10)m×(8～10)m，施足基肥；树形以开心形为主，林粮间作，加强肥水、树体管理和病虫害与鸟兽害防治。

适宜于鲁甸海拔 1600～2100m，年均温 11.5～16.5℃，年降水量 800mm 以上，≥10℃活动积温 3500～5000℃的红壤或黄壤及气候相似的地区种植。'云林 7 号'优良无性系果实如图 4-34 所示。

图 4-34 '云林 7 号'优良无性系

13. '云林 8 号'优良无性系(认定号: 云 R-SC-JS-045-2016)

由云南省林业和草原科学院选育。

树势中庸,树冠紧凑,分枝能力强,叶色深绿,小叶为长披针形;部分主芽有芽柄,副芽明显。果实 9 月下旬成熟,树冠投影面积产坚果 0.30kg/m^2。坚果三径均值 3.28cm,平均壳薄 1.06mm,平均单果重 14.5g,平均出仁率 54.86%,含油率 65.4%左右,蛋白质含量 23.7%左右,种实饱满,仁黄白色,取仁易,食味香醇。以 1 年生铁核桃为砧木,嫁接繁殖;休眠期植苗,株行距(8～10)m×(8～10)m,施足基肥;树形以开心形为主,林粮间作,加强肥水、树体管理和病虫害与鸟兽害防治。

适宜于鲁甸海拔 1600～2100m,年均温 11.5～16.5℃,年降水量 800mm 以上,≥10℃活动积温 3500～5000℃的红壤或黄壤及气候相似的地区种植。'云林 8 号'优良无性系果实如图 4-35 所示。

图 4-35 '云林 8 号'优良无性系

14. '云林 9 号'优良无性系(认定号：云 R-SC-JS-046-2016)

由云南省林业和草原科学院选育。

树体高大，自然圆头形，分枝能力强，叶色深绿，小叶为长披针形；果实 9 月上旬成熟，树冠投影面积产坚果 0.39kg/m²。坚果三径均值 3.8cm，平均壳厚 1mm，平均单果重 13.77g，平均出仁率 51.2%，含油率 71.1%左右，蛋白质含量 18.2%左右，种实饱满，仁黄白色，取仁易，食味香醇。以 1 年生铁核桃为砧木，嫁接繁殖；休眠期种植，株行距(8～10)m×(8～10)m，施足基肥；树形以开心形为主，林粮间作，加强肥水、树体管理和病虫害与鸟兽害防治。

适宜于鲁甸海拔 1600～2100m，年均温 11.5～16.5℃，年降水量 800mm 以上，≥10℃活动积温 3500～5000℃的红壤或黄壤及气候相似的地区种植。'云林 9 号'优良无性系果实如图 4-36 所示。

图 4-36　'云林 9 号'优良无性系

三、核桃杂交新品种

(一)早实杂交新品种

1. '云新高原'（审定号：滇 S-SV-Jrs-002-2004）

由云南省林业和草原科学院于 1979 年种间杂交育成，亲本为云南晚实的'漾濞泡核桃'和从新疆引进的早实核桃'云林 A7 号'。1986～1990 年无性系测定，2004 年通过审定。

早实早熟，1 年生嫁接苗定植后 2～3 年后开花结果，果实成熟期较亲本'漾濞泡核桃'提前 20 天左右；丰产，嫁接 8 年生果枝率 55%以上，每果枝平均坐果 1.57 个，平均亩产 214.5kg，平均冠影产仁量 0.26kg/m²；优质，种实平均重 12.49g，坚果三径均值 3.57cm，种壳刻纹浅，壳厚＜0.88mm，饱满，易取仁，仁色黄白，平均出仁率 58.08%，平均仁含油率 67.52%，食味香醇；树体矮化，长势强健，4～6 年生平均树高 2.63m，平均冠幅 4.13m。选择适宜的栽培地区及立地条件；休眠期种植，大穴整地，株行距 4m×6m 或 4m×8m，施足基肥；3～5 主枝开心形整形，适时回缩复壮树体；适宜林粮间作，加强水肥管理；去雄疏果，合理调节负载量；综合防治病虫害与鸟兽害。

适宜年均温 13～16℃，年降水量 900mm 以上，年日照 2000 小时以上，酸性土壤，土层深厚（厚度 1m 以上）、湿润的地区种植。'云新高原'果实如图 4-37 所示。

图 4-37   '云新高原'

A. 结果状；B. 种实

2. '云新云林'（审定号：滇 S-SV-Jrs-003-2004）

由云南省林业和草原科学院于 1979 年种间杂交育成，亲本为从新疆引进的早实核桃'云林 A7 号'和云南'漾濞泡核桃'。1986～1990 年进行无性系测定，2004 年通过审定。

早实、早熟，1 年生嫁接苗定植后 2～3 年后开花结果；丰产，8～10 年生树龄平均冠影产仁量 0.28kg/m²；优质，核桃种实大小中等，坚果三径均值 3.21cm，扁圆形，平均壳厚 0.95mm，平均出仁率 50%～58%，平均仁含油率 65% 以上，食味香醇；树体矮小，树高只有亲本'漾濞泡核桃'的 1/3～1/2，以中短枝结果为主；较抗寒。选择适宜的栽培地区及立地条件，休眠期种植，株行距 4m×4m 或 4m×5m，施足基肥；3～5 主枝开心形培养树形，适时回缩复壮树体，可林粮间作，加强水肥管理；去雄疏果，合理调节负载量，要求较高的水肥管理水平。

适宜年均温 13～16℃，年降水量 900mm 以上，年日照 2000 小时以上，酸性土壤，土层深厚（厚度 1m 以上）、湿润的地区种植。'云新云林'果实如图 4-38 所示。

3. '云新 301'（审定号：滇 S-SV-JRS-004-2010）

由云南省林业和草原科学院于 1990 年种间杂交育成，亲本为云南省'大姚三台核桃'和从新疆引进的早实核桃'新早 13 号'。1995～2000 年进行无性系测定，2010 年通过审定。

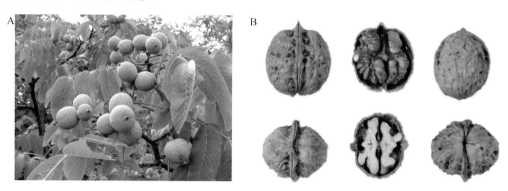

图 4-38　'云新云林'

A. 结果状；B. 种实

结实早，成熟早，丰产性好；叶为椭圆状披针形，小叶多 9 枚；树体与同龄树体相比较小，进入初产期年龄 4～6 年，干果产量可达 450kg/hm^2，进入盛产期年龄 7～9 年，干果产量可达 1800kg/hm^2；平均果实粒重 8.22g，种壳刻纹较光滑，平均壳厚 0.82mm，出仁率达 61.7%，含油率达 68.5%；较抗黑斑病及晚霜。休眠期种植，大穴整地，株行距 4m×5m 或 4m×6m，施足基肥；3～5 主枝开心形培养结果体系，适时回缩复壮树体，林粮间作，加强肥水管理；及时去雄疏果，合理负载；综合防治病虫害与鸟兽害。

适宜昆明、昭通、曲靖、楚雄、玉溪、大理、丽江、迪庆等州(市)，海拔 1700～2100m，年均温 13～15.5℃，年降水量 900mm 以上的红壤、黄壤地区种植。'云新 301'果实如图 4-39 所示。

图 4-39　'云新 301'

A. 结果状；B. 种实

4. '云新 303'（审定号：滇 S-SV-JRS-005-2010）

由云南省林业和草原科学院于 1990 年种间杂交育成，亲本为云南省'大姚三台核桃'与从新疆引进的早实核桃'新早 13 号'。1995～2000 年进行无性系测定，2010 年通过审定。

结实早，成熟早，丰产性好；叶为椭圆状披针形，小叶多 9 枚；树体与同龄树体相比较小，进入初产期年龄 4～6 年，干果产量可达 70kg/hm²，进入盛产期年龄 7～9 年，干果产量可达 1875kg/hm²；平均果实粒重 10.22g，种壳刻纹较光滑，平均壳厚 0.82mm，出仁率达 59.8%，含油率达 68.5%；较抗黑斑病及晚霜。休眠期种植，大穴整地，株行距 4m×5m 或 4m×6m，施足基肥；3～5 主枝开心形培养结果体系，适时回缩复壮树体，林粮间作，加强肥水管理；及时去雄疏果，合理负载；综合防治病虫害与鸟兽害。

适宜昆明、昭通、曲靖、楚雄、玉溪、大理、丽江、迪庆等州(市)，海拔 1700～2100m，年均温 13～15.5℃，年降水量 900mm 以上的红壤、黄壤地区种植。'云新 303'果实如图 4-40 所示。

图 4-40　'云新 303'

A. 结果状；B. 种实

5. '云新 306'（审定号：滇 S-SV-JRS-006-2010）

由云南省林业和草原科学院于 1990 年种间杂交育成，杂交亲本选用云南'大姚三台核桃'与从新疆引进的早实、丰产优株核桃'新早 13 号'。1995～2000 年进行无性系测定，2010 年通过审定。

结实早，成熟早，丰产性好；叶为椭圆状披针形，小叶多 9 枚；树体与同龄树体相比较小，进入初产期年龄 4～6 年，干果产量可达 430kg/hm²，进入盛产期年龄 7～9 年，干果产量可达 1700kg/hm²。平均果实粒重 10.58g，种壳刻纹较光滑，平均壳厚 0.84mm，出仁率达 59.7%，含油率达 68.4%；较抗黑斑病及晚霜。休眠期种植，大穴整地，株行距 4m×5m 或 4m×6m，施足基肥；3～5 主枝开心形培养结果体系，适时回缩复壮树体，林粮间作，加强肥水管理；及时去雄疏果，合理负载；综合防治病虫害与鸟兽害。

适宜昆明、昭通、曲靖、楚雄、玉溪、大理、丽江、迪庆等州(市)，海拔1700～2100m，年均温 13～15.5℃，年降水量 900mm 以上的红壤、黄壤地区种植。'云新 306'果实如图 4-41 所示。

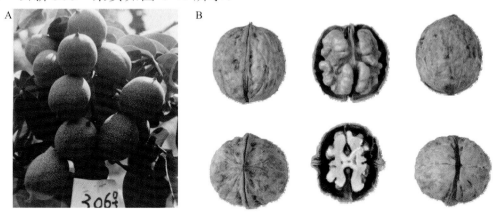

图 4-41 '云新 306'
A. 结果状；B. 种实

（二）晚实杂交新品种

1. '漾杂 1 号'（审定号：滇 S-SV-JS-005-2011）

由大理白族自治州林业和草原科学研究所选育，'漾濞泡核桃'与'娘青核桃'的杂交后代。

该品种树体高大，高可达 12m 以上，成枝率强，树势旺盛；果实外观与母本相近；1～2 年生枝条青绿色，较脆，雄先型；果枝坐果率达 97.96%；坚果扁圆球形，顶部突尖，底部较圆；外壳麻点较大较深。种植后 4 年开始开花结实，15 年进入盛产期，平均单果重 15.6g，平均壳厚 1mm，平均出仁率 54.6%，平均含油率 73.09%，仁蛋白质含量 26.1%；抗病虫害能力较强，抗逆性较强。嫁接繁殖，1 年生铁核桃实生苗作砧木，砧木嫁接时留 4～5cm；冬春季节嫁接，每亩育苗 1 万～1.2 万株，育 1 年生嫁接苗造林。选择适宜的栽培地区及立地条件种植；12 月至次年 1 月种植，大穴整地，株行距 7m×8m，施足基肥；主枝开心形、主干分层形培养树形；粮林间作，加强水肥管理；防治病虫害及鸟兽害。

适宜于云南、贵州、四川海拔 1000～2600m，年均温度 10～18℃，年降水量 900～1200mm，酸性及中性土壤，土层深厚的地区种植。'漾杂 1 号'果实如图 4-42 所示。

2. '漾杂 2 号'（审定号：滇 S-SV-JS-006-2011）

由大理白族自治州林业和草原科学研究所选育，'漾濞泡核桃'与'娘青核桃'的杂交后代。

图 4-42　'漾杂 1 号'

　　树体高大，高可达 13m 以上，成枝率强，树势旺盛；果实外观与父本相近；1～2 年生枝条青绿色，较脆，雄先型；果枝坐果率达 94.59%；坚果扁圆球形，顶部突尖，底部较圆；外壳麻点较少较浅。种植后 4 年开始开花结实，15 年进入盛产期，单果重 15.6g，壳厚 1mm，平均出仁率 52.87%，平均含油率 69.39%，仁蛋白质含量 25.2%；抗病虫害能力较强，抗逆性较强。嫁接繁殖，1 年生铁核桃实生苗作砧木，砧木嫁接时留 4～5cm；冬春季节嫁接，每亩育苗 1 万～1.2 万株，育 1 年生嫁接苗造林。选择适宜的栽培地区及立地条件种植；12 月至次年 1 月种植，大穴整地，株行距 7m×8m，施足基肥；主枝开心形、主干分层形培养树形；粮林间作，加强水肥管理；防治病虫害及鸟兽害。

　　适于云南、贵州、四川海拔 1000～2600m，年均温度 10～18℃，年降水量 900～1200mm，酸性及中性土壤，土层深厚的地区种植。'漾杂 2 号'果实如图 4-43 所示。

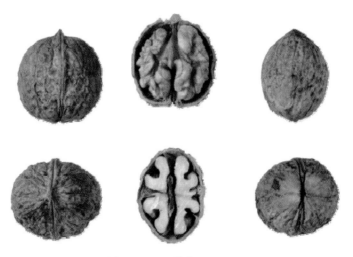

图 4-43　'漾杂 2 号'

3. '漾杂 3 号'（审定号：滇 S-SV-JS-007-2011）

由大理白族自治州林业和草原科学院选育，'漾濞泡核桃'与'娘青核桃'的杂交后代。

该品种树体高大，高可达 13m 以上，成枝率强，树势旺盛；果实外观与父本相近；1～2 年生枝条青绿色，较脆，雄先型；果枝坐果率达 97.06%。坚果扁圆球形，顶部突尖，底部较平；外壳麻点较大较深。种植后 4 年开始开花结实，15 年进入盛产期，平均单果重 13.9g，平均壳厚 1mm，平均出仁率 53.8%，平均含油率 65.23%，平均仁蛋白质含量 25.4%。抗病虫害能力较强，抗逆性较强。嫁接繁殖，1 年生铁核桃实生苗作砧木，砧木嫁接时留 4～5cm；冬春季节嫁接，每亩育苗 1 万～1.2 万株，育 1 年生嫁接苗造林。选择适宜的栽培地区及立地条件种植；12 月至次年 1 月种植，大穴整地，株行距 7m×8m，施足基肥；主枝开心形、主干分层形培养树形；粮林间作，加强水肥管理；综合防治病虫害及鸟兽害。

适宜于云南、贵州、四川海拔 1000～2600m，年均温度 10～18℃，年降水量 900～1200mm，酸性及中性土壤，土层深厚的地区种植。'漾杂 3 号'果实如图 4-44 所示。

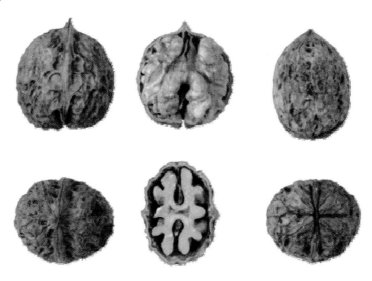

图 4-44　'漾杂 3 号'

 四、引进品种

1. '强特勒'（认定号：云 R-ETS-JR-033-2012）

由云南省林业和草原技术推广总站申请良种认定。

该品种为美国主栽品种，是'彼特罗'（'Pedro'）×UC56-224 的杂交后代，

1995 年引入云南，主要种植于滇中、滇东北地区；早实，高产，4 年进入初产期，初产期干果产量达 441kg/hm²，以'漾濞泡核桃'为对照，超过对照 100%；品质好，坚果长圆形，三径均值 5.4cm，平均单果重 11g，平均壳厚 1.5mm，平均出仁率 54%左右，蛋白质含量 18.8%左右，含油率 65.15%左右；壳面光滑，缝合线紧密，取仁易。嫁接繁殖。选择立地条件适宜的造林地；1m×1m 大穴整地，株行距 4m×5m 或 5m×6m，施足基肥，浇足定根水，薄膜覆盖，休眠期种植；集约化经营管理。

适宜于沾益等海拔 1800～2600m，年均温 8～24℃，年降水量 800～1900mm，≥10℃活动积温 3000～5500℃，土壤为中性、微酸或者碱性的地区种植。'强特勒'果实如图 4-45 所示。

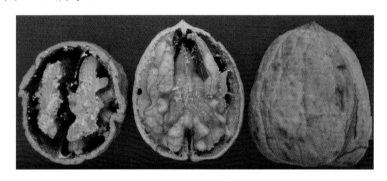

图 4-45　'强特勒'

2. '新新 2 号'（认定号：云 R-ETS-JR-035-2015）

由迪庆藏族自治州林业和草原局申请良种认定。

该品种树势中庸，树姿直立，发枝力强，早实，第二年即可开花，第 4 年进入初果期，第 7 年进入盛果期；坚果中等大小，圆形或长圆形，果基圆，果顶渐尖，似桃形，三径为 4.4cm×3.3cm×3.6cm，平均单果重 9.2g，壳面光滑美观，平均壳厚 1mm，种壳光滑，缝合线窄而平，结合不紧密，取仁易，仁饱满，食味香醇，出仁率 50.7%左右，粗脂肪含量 65.6%～68.8%，蛋白质含量 19%～20.7%。嫁接繁殖，1 年生铁核桃实生苗作砧木，嫁接 1 年后定植。选择轮闲地、山坡地、江河沿岸沙滩地种植，定植穴规格 80cm×80cm×80cm，种植株行距 5m×6m。要求土层深厚肥沃、精细管理，11 月至次年 3 月定植，种植后加强水肥管理，休眠期干旱时，可适量灌水；发芽前 15 天定干，地上茎 3～5 芽处剪去，培养开心形树形；及时防治病虫害与鸟兽害。

适宜于迪庆藏族自治州香格里拉市、维西县、德钦县和曲靖市师宗县海拔 1800～2500m，年均温 12～15℃，年降水量≥650mm，≥10℃活动积温 3000～6500℃的红壤、棕壤、黄红壤的地区种植。'新新 2 号'果实如图 4-46 所示。

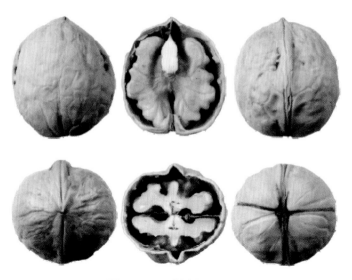

图 4-46　'新新 2 号'

第五章　核桃良种繁育技术

核桃良种苗木是发展核桃生产、扩大核桃种植面积的物质基础。种苗的好坏直接影响核桃产业的兴衰。在云南历史上，核桃种苗有两种：一种是采用良种泡核桃种子育成的实生苗，另一种是采用良种泡核桃接穗进行嫁接育成的良种嫁接苗。由于泡核桃实生苗种子经过天然杂交授粉，实生后代变异性很大，长成后的植株种实既有泡核桃类型，也有夹绵核桃类型和铁核桃类型，各占30%左右，品质良莠不齐，因此不宜采用泡核桃种子进行实生繁殖。现生产上一般采用抗性及适应性强的铁核桃实生苗作砧木，用泡核桃良种接穗进行嫁接，培育出良种嫁接苗。这种方式培育的嫁接苗长成后植株遗传基因稳定，种实能保持良种泡核桃的优良品质。

第一节　苗圃地选择和规划

 一、苗圃地选择

根据云南的气候条件和地形特征，核桃育苗多采用露地苗圃育苗，应具备以下条件。

（一）位置

育苗地点应选在造林地附近、交通便利的地方。这样既可以减少育苗地与造林地间气候差异对苗木适应性的影响，又可以避免因长途运输对苗木的损伤，使苗木尽量保持完好，从而提高造林成活率。同时，苗圃地应尽量设在靠近村镇、交通方便的地方，以便于解决劳力、畜力、电力、运输等问题。

（二）地形

宜选择背风向阳、地势平坦、排灌条件好的地块，不宜在山梁、山谷、洼地、盆地、风口等地，坡度以 1°～3° 为宜。

（三）土壤

一般应选择石砾少，土层深厚、肥沃、结构疏松，通气性和透水性良好的砂壤土、轻壤土或壤质沙土。

（四）水源

灌溉是核桃育苗过程中最基本、最必需的环节，若无灌溉条件或不能改造灌溉条件的地块，不能用作核桃育苗圃地。苗圃地应尽量设在江、河、湖、塘、水库等水源附近，便于引水灌溉。如无天然水源或水源不足，则应选择地下水源充足、能打井提水灌溉的地方作为苗圃地。

总之，苗圃地应选择在造林地附近、交通便利、排水灌溉条件好、地形地势平整、土壤深厚肥沃、向阳背风的地方。

 二、苗圃地规划

根据种植规模和生产需求进行核桃苗圃地规划，设置不同功能类型的苗圃。核桃苗圃主要依据育苗不同阶段的功能进行区分，主要包括贮藏区、砧苗培育区、苗木嫁接区、苗木移栽区、苗木假植区及辅助设施。

（一）贮藏区

贮藏区用于贮藏及处理核桃种子和穗条。该区域要保持通风、避光、阴凉、干燥。贮藏区的主要任务是保存不能及时播种的核桃种子和待嫁接的穗条。

（二）砧苗培育区

核桃砧苗的培育区应设置种子浸泡池、种子晾晒场、育苗砂床或育苗地床，该区域大小视育苗规模而定。

（三）苗木嫁接区

苗木嫁接区主要用于核桃芽砧和移砧嫁接，该区域大小视嫁接量而定。

（四）苗木移栽区

苗木移栽区主要包括砧木培育苗床、芽苗砧嫁接和移砧嫁接的移栽苗床，是核桃育苗最主要的场所。依地形或育苗方式将育苗区细化为若干小区，便于管理。苗床宽度 1～1.2m，长度依小区区划或地形而定。

（五）苗木假植区

苗木假植区是暂时假植砧木苗和嫁接苗的区域。

（六）辅助设施

1. 道路

结合区划要求和地形设置苗圃内的道路。主干路为苗圃中心与外部联系的主要通道，宽度 4m 左右；支路依据大区划分设置，宽 2～3m；支道用于小区的连通和对苗圃的操作管理，宽度 1～1.5m；步道是苗床之间的空隙，便于对苗木的管理，宽 0.3～0.5m 即可。

2. 排灌系统

核桃育苗目前多采用沟灌、漫灌、管灌，有条件的地方可以采用滴灌或喷灌。苗圃应建好排水系统，在雨季应及时排水，防止水淹，造成根腐。总之，苗圃地要做到能灌能排。

3. 房屋建筑

房屋建筑包括仓库、温室、工具房、晒场、办公室、配电室、操作间、宿舍等育苗所需屋舍。

第二节　种子采收与处理

 一、种子采收

用于培育砧苗的种子(坚果)最好选用铁核桃类型的种子，因其播种后不易霉变、发芽率高、适应性强、生长旺盛，同时价格低廉可降低育苗成本。在云南省有丰富的铁核桃种质资源，是砧木种子的理想种源。砧木生长 1～2 年后，再选择产量高、质量好的泡核桃优良品种的接穗进行嫁接。铁核桃果实成熟的时间一般在 9 月中下旬(白露前后)。当铁核桃树上的果实有 1/3～1/2 裂果时，表明其果实已自然及生理成熟，即可采摘。常用的采摘方法是用竹竿等物进行敲打采收。采摘时不能敲打果枝的顶端，以防损坏枝上的花芽，影响来年的产量。夹绵核桃类型的种子也可作种，但不能用泡核桃类型的种子来育砧，主要是因为其发芽率低，且不经济。

 二、种子处理

将采收来的铁核桃果实或种子，按果实带青皮与否将其分开处理。可直接秋播，或脱青、晾干后贮藏在通风、阴凉、干燥的地方，待来年春播。

如果用干藏的泡核桃种子育苗，在育苗前最好用"水选法"精选种子，即将种子倒入盛水的容器中，如种子大半个浮于水上，则为不饱满种子，种子整个沉于水中，则为发霉种子。这两种情况的种子都要去掉。选出大半个沉于水中，小半个浮于水面的种子用来催芽、播种。

秋季育苗或造林，可随采随播，不需催芽处理，但幼苗易受冻害。春季育苗，播种前最好经过催芽处理，加速发芽，提高种子发芽率。核桃种子催芽的方法较多，但在生产中广泛应用且行之有效的方法有下列两种。

1)湿沙催芽法：将干藏的种子用冷水浸泡 3～7 天后再用湿沙埋藏一个月左右。具体做法是在苗圃地附近排水良好、向阳的地方挖出一个土坑，深 50cm 左右，大小依种子的多少而定，在坑底垫一层 4～5cm 厚的湿沙，坑中间放一定量用于通风的直立草把，然后摆一层种子盖一层湿沙(2～3cm 厚)，将浸泡过的种子分层平放在湿沙上，以互不接触为宜，最上面覆盖一层 5cm 的湿沙。埋藏期间要经常检查，保持沙子湿润(湿度60%左右，以手捏沙不滴水为宜)。当种子裂口达 80%左右并开始冒芽时，即可取出播种。此法处理的种子发芽快，发芽率可达 80%以上，播种半月后幼苗即可出齐。

2)冷浸日晒催芽法：播种前将干燥的种子在流水中浸泡 7～10 天(若非流水，每隔 1～2 天换水一次)，或用 100～300mg/L 的赤霉素液浸泡 5～7 天，取出后放阳光下暴晒，待多数种子缝合线裂开时即可播种。此法简便易行，效果较好。

第三节　砧木苗培育

 一、1～2 年生砧木苗培育

在云南历史上，各核桃主产区的群众一般采用野生铁核桃苗嫁接培育泡核桃树，后来才采用当年饱满成熟的新鲜铁核桃种子或风干贮藏的干种子播种育苗。播种的株行距为 5cm×15cm，沟深 20～25cm。播时将种子缝合线垂直于地面平放于沟内(图 5-1)，最好种尖朝一个方向，播后覆土厚 5～8cm，床面覆盖草类或薄膜，适时浇水、施肥、除草、排涝，并进行病虫害与鸟兽害防治。一般砧木苗地径≥0.8cm 即可进行嫁接，在气候温暖地区，管理较好，培育 1 年即有 80%左右砧木苗达到嫁接标准；在气候较冷、管理较差的情况下，需培育 2 年才有 80%的砧木苗达到嫁接标准。

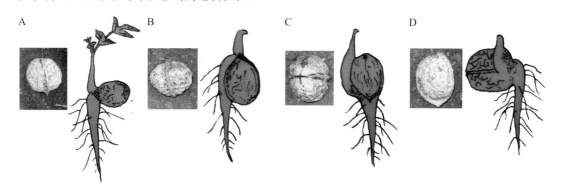

图 5-1　核桃种子的摆放方式(A 为正确方式)
A．缝合线与地面垂直；B．种尖向上；C．种尖向下；D．缝合线与地面平行

二、芽苗砧的培育

芽苗砧的培育分秋播和春播。秋播是在秋季将采到的种子及时用湿沙埋藏催芽。做法是在苗圃地内选择一块背风向阳的地块，挖出或用砖砌成一个宽 1m、长 10m 左右(可据地形而定)、深 0.5m 的催芽坑或催芽床。其底部垫 30cm 厚的湿沙，将待播的种子按缝合线与地面垂直，种尖方向一致，依秩序紧密地排放在其上，摆放一层后，覆盖 10cm 厚湿沙，浇透水，床面用薄膜覆盖，床上搭建塑料拱棚，以利于保湿增温促进种子发芽。在催芽期间必须保持催芽床中沙子的湿润，晴天中午温度高时，打开塑料棚两端进行散热，以防发芽后的苗木被灼伤。到翌年 2 月至 3 月初，所育的芽苗砧高达 20～30cm，地径达 0.5～1.0cm 时即可取出嫁接。春播是在春季用处理后的干种子培育砧木苗，管理方法同秋播。

近几年来，景东地区的农户探索出一种刨土芽苗砧嫁接的新方法。经秋播或春播，其株行距为 10cm×25cm，覆土厚度 5～8cm。播后浇透水，用薄膜覆盖苗床。当种子发芽时，及时捅破薄膜露出芽苗。翌年 1 月底至 2 月上中旬，当苗高达 30～40cm，地径达 0.5～1.0cm 时，即可刨开芽苗根部的土壤进行嫁接。

三、砧木的管理

(一)遮阴

在气候较热的地区育苗，种子发芽初期，应适时覆草或搭设遮阳网，防止出土幼苗受到日灼伤害。

(二)中耕除草

苗木出齐后，进行 2 或 3 次中耕除草，如果雨水较多，根据杂草滋生情况，可增加 1 或 2 次。

(三)摘心

夏末秋初，对长势较旺、高度在 50cm 以上的核桃砧木苗进行摘心处理，以培育壮苗，摘心处理可与中耕相结合进行。

(四)灌水

灌水应在春季进行，视土壤湿度状况，灌水 2 或 3 次。

(五)施肥

除整地时施基肥外，5～6 月，苗木生长旺盛期追施尿素 10～15kg/亩，若土壤肥沃可不施；7 月追施磷酸二氢钾 8～10kg/亩。

(六)排水

雨季要注意及时排涝。

第四节　嫁接苗培育

核桃繁殖必须采用无性繁殖，才能保持母本的优良遗传性状，实生繁殖变异很大，不宜采用。

云南核桃无性繁殖主要采用嫁接繁殖方法。过去传统的嫁接方法，成活率很不稳定，在 5%～70%，多数在 20%～30%，导致嫁接苗供应不足，影响了云南核桃产业发展的进程。经云南省林业和草原科学院多年研究，发现影响核桃嫁接成活率主要有两方面的原因。一是核桃树体的内因：核桃树体内富含单宁，嫁接时用刀削伤接穗和砧木时，削面组织表面的单宁易被氧化形成隔离层，使砧木和接穗的形成层组织不易连通，影响砧木将水分与养分供给接穗，导致嫁接成活率低。此外，嫁接期核桃树处于树体萌动期，树液开始流动，坐地苗砧和幼树砧的嫁接会产生大量的伤流，不利于接口愈合，这也是嫁接成活率低的主要内因。二是外因：核桃嫁接育苗期间，正值云南干季，空气湿度低(50%～

60%)，较寒冷(月均温 8～10℃)，在这种干冷的环境条件下嫁接，不利于伤口的愈合。经多年观察发现，采用常规嫁接方法，若当年春雨来得较早，空气湿度较大(在 80%左右)，气温较高(月均温度 12℃左右)，则嫁接成活率相对较高，可达 60%～70%，否则嫁接成活率只有 10%左右。

提高核桃嫁接成活率对于降低苗木成本，推动核桃产业发展具有十分重要的意义。经研究，提高嫁接接口的温度和湿度，有利于接口的愈合，是提高核桃嫁接成活率的重要方法之一。嫁接口温度在 13～19℃，相对湿度在 90%～95%的条件下，平均嫁接成活率在 85%以上，最高可达 98%。接口愈合的快慢、时间的长短与接口温度(不超过 36℃)成正相关，因此嫁接口及根系土壤的温度是提高嫁接成活率的关键。20 世纪 70 年代，云南省林业和草原科学院研发出核桃高效嫁接技术，这些嫁接技术操作简便、嫁接成活率高、出苗快、苗木健壮、成本低、效益高、易推广，既适宜个体户育苗，又适宜规模化生产，可适应不同地区、不同气候类型核桃嫁接的需求。

一、良种接穗的采集与处理

(一)采集时间

在云南，采集良种核桃接穗的时间是在采穗母树进入休眠后至尚未萌动之前，一般为 1 月上中旬至 2 月初。采穗时间过早，则会因为采穗母树尚未完全休眠或贮藏时间过长，从而影响嫁接成活率；采穗时间过晚，采穗母树开始萌发，也会影响嫁接成活率。

(二)接穗质量

要选择优良品种中生长健壮、发育良好、无病虫害和寄生枝的初果期或盛果期核桃树作为采穗母树，取其树冠外缘枝条作穗条。

核桃枝接采用芽眼饱满的粗壮短果枝或营养枝作为接穗，芽接采用 1 年生健壮发育枝或长果枝作为穗条取芽。

(三)穗条的处理

采集后的穗条应放在阴凉通风的室内 3～5 天，让穗条的含水量少量丧失，以利于贮藏。之后将穗条剪成每条含 10 个左右饱满芽的短接穗，然后进行蜡封处理。

穗条蜡封的方法：将工业用石蜡和蜂蜡按 10：1 的比例放入加热器皿中，加热至 100～110℃，把整理剪好的短穗条迅速插入蜡液中蘸蜡(图 5-2)，使整条穗条被蜡封严，待蜡封穗条冷却后装入纸箱(纸箱周围戳有通气孔)，置于阴凉通风的室内贮藏。一般贮存 30～50 天，对嫁接成活率影响不大，超过 50 天后，随贮藏时间的延长，嫁接成活率会逐步下降。若封蜡配方中石蜡比例偏大，封蜡后穗条蜡衣很脆，易分离脱落；若蜂蜡比例偏大，封在穗条上的蜡衣在嫁接后经太阳照射容易融化流失，达不到蜡封的效果。最适封蜡的蜡液温度为100～110℃，温度偏低，封在接穗上的蜡层过厚，浪费蜡液；温度偏高，会烫伤接穗上的芽，严重影响嫁接成活率。

图 5-2　封蜡

A. 蘸蜡；B. 封蜡后捆扎存放

▶▶ 二、嫁接

(一)嫁接时间

云南省地形复杂，由于纬度和海拔不同，气候多样，各地气候条件各异，而且同一地区每年气候变化也不一样。因此，不能规定一个统一的时间，而应根据当地的气候条件尤其是核桃树的物候情况来灵活掌握。具体依育苗地霜期长短和气温高低而定，霜期短、春季气温高的地区 1 月中旬至 2 月中旬嫁接；霜期长、春季气温低的地区 2 月中旬至 3 月中旬嫁接。

(二)常规传统的嫁接方法

1. 枝接

(1)插皮接(图 5-3)　又称皮下接，斜马接。此方法适用于直径 3cm 以上的砧木。

1)削接穗：在准备好的穗条的一侧，向下削长 5～8cm 的马耳形大斜面(过髓心，也叫大面、大削面)，然后在削面背后削一小斜面，在小斜面左右轻轻削去粗皮，露出形成层，待插入接口。

2)切砧：在距离地面 10～100cm 处切断砧木，断面削成平口，从其横切面光滑处纵向切开砧木树皮，长 3cm 左右，深达木质部；剥开砧木切口的树皮，将接穗大削面从砧木木质部向下插入，至接穗削面微露白为止，使接穗紧贴砧木，插后用塑料薄膜封口、包扎牢固。

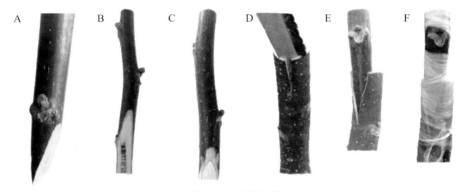

图 5-3　插皮接

A. 穗条；B. 大斜面；C. 小斜面；D. 削砧木；E. 接嵌；F. 绑扎

　　此法操作简单，成活率高，也很适用于高枝接等。接穗萌发生长后，要注意保护发芽新枝不被风吹折断，应及时固定防风。

　　(2)切接(图 5-4)　　又称破头接、劈接、割接。选择直径在 1～5cm 的核桃砧木，在离地面 20～50cm 处将砧木切断，修滑切面，然后在横切面上用刀纵切约 5cm 的切口，不过髓心。砧木切好后，将接穗两侧削成同等长度的两个斜面，斜面长度与砧木切口的深度大致一样。削好的接穗迅速插入砧木切口，插时要使接穗和砧木的形成层(俗称黄衣)对准、密切结合，再将砧木切口紧紧绑扎固定。

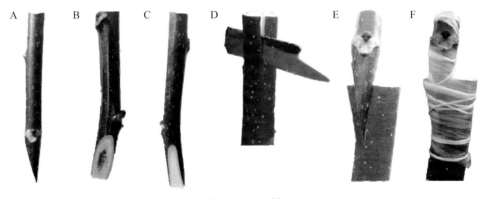

图 5-4　切接

A. 穗条；B. 一侧斜面；C. 另一侧斜面；D. 削砧木；E. 接嵌；F. 绑扎

　　另外，枝接还有双舌接、搭口接、腹接等，但操作难度大，实用性差。

2. 芽接

　　(1)方块芽接(图 5-5)　　又叫滑皮接。此法适用于嫁接部位直径 1.5～4cm 的砧木。在砧木上选择光滑平直处作为嫁接部位(切勿选凹凸的部位)，在离地面 30～50cm 处，将砧木上部切除，然后将接穗枝条紧靠砧木，使选用的芽对准砧木的嫁接部位，在接芽上、下相隔 3cm 左右处，用刀在砧木和接穗上各划一横线痕，使切下的芽片和砧木的切口长度一样。然后按划好的横线痕在砧木上、下方各横切一刀，深达木质部，再在侧方切一刀，将树皮挑起，又按还原位，以防切口干燥和氧化。砧木切好后，接穗按划好的上、下线痕和离叶柄痕较近的左右两侧将接芽切成长方形，把芽两侧的皮轻轻挑起，用拇指和食指按住芽片，适当用力搓一下，将芽片剥下，这种搓下的芽片必须带有生长点(即芽心，俗称"护眼肉")，如果剥下的芽片没有生长点，则不能用作嫁接，即使芽片愈合，接芽也不会萌发。芽片剥下后要迅速镶入砧木切口，使芽片的下方和一侧同砧木切口密切结合，用塑料薄膜绑扎，接芽应露在外面。

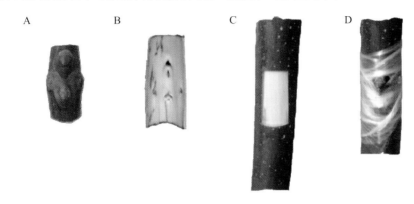

图 5-5　方块芽接

A. 芽片正面；B. 芽片背面；C. 砧木切口；D. 绑扎

　(2)削芽接(图 5-6)　　又称琼氏芽接。在离地面 30～50cm 处将砧木切断，用刀在砧木一侧削长 4～5cm 的舌状切口，深达木质部，再将削起的树皮上半部切去，保留下半部作为夹合芽片之用。砧木削好后，选 1 年生穗条上的健壮芽，在其上、下 2cm 左右处削取一舌状芽片，可稍带木质部，芽片削好后，迅速插入砧木切口内，务必使两者的形成层对准，用塑料薄膜绑紧，芽必须外露。此法嫁接节令可从小寒、大寒到雨水、惊蛰，历时两个月；也可在初秋进行。

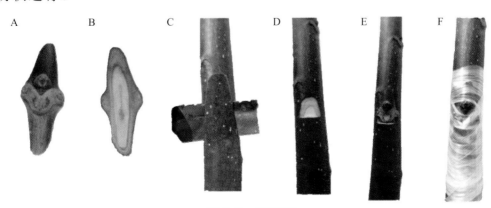

图 5-6　削芽接

A. 芽片正面；B. 芽片背面；C. 舌状切砧木；D. 切除上部保留下部；E. 接嵌；F. 绑扎

芽接中还有丁字芽接、套芽接等方法，但操作不方便，实用性不强。无论采用哪种嫁接方法，都要求正确掌握嫁接节令，同时做到"刀要快、削得平、对得准、绑的紧"，否则就会影响嫁接的成活率。

(三)核桃高效嫁接技术

针对历史上用云南泡核桃类型的坚果作种子培育砧苗，种子发芽率低，培育嫁接苗的嫁接方法落后，嫁接成活率低等问题，云南省林业和草原科学院于1977～1994年开展了"核桃高效嫁接技术研究"工作。从培育砧苗，蜡封接穗，提高接口、土壤温度及湿度，促进接口愈伤组织迅速分生、愈合等方面进行了系统的研究，该技术使云南核桃平均嫁接成活率达85.74%，最高达98%，比常规嫁接方法提高一倍以上。"核桃高效嫁接技术研究"适宜于云南省不同地区、不同气候类型条件，该技术嫁接成活率高而稳定、成苗快、经济效益高，解决了云南省多年来核桃生产中存在的嫁接成活率低的重大难题。多年来此项技术在云南省共推广应用几百万亩，成为云南省经济林木科技成果推广效益最高的项目之一，并在四川、贵州、湖南、湖北、广西等省(自治区)得到广泛应用和推广。

"核桃高效嫁接技术研究"成果获1994年度云南省科技进步二等奖，"核桃高效嫁接技术示范与推广"成果获2002年度云南省科技进步二等奖。此项技术主要包括芽苗砧嫁接法、移苗砧嫁接法及蓄热保湿嫁接法三种嫁接方法。另外，普洱市景东县农户探索出的"芽苗砧刨土嫁接法"也属高效嫁接方法。

1. 芽苗砧嫁接法

该方法适宜在气候温暖或较热的地区采用(图5-7)。嫁接时间为每年的1月中旬至3月上旬。将培育好的芽砧苗刨起后，在芽砧苗最粗的部位上3～5cm处剪断，采用单芽破头接(切接)。插入接穗时要对准砧木的形成层，用塑料薄膜包扎接口，松紧适度。嫁接后将芽苗砧嫁接苗栽入苗床，株行距10cm×30cm，接口可露出土面(气温高地区)或浅埋于土下(气温低地区)，浇透水，床面覆盖地膜，接穗露出膜面，膜上压细土，保湿增温。此法，从育砧到嫁接至苗木出圃只需1年时间，育苗周期短，效率高，成本低，在室内操作方便。

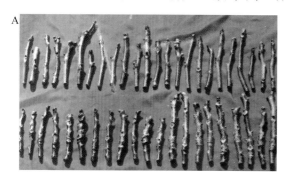
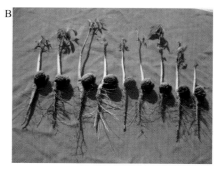

图 5-7　芽苗砧嫁接

A. 穗条；B. 芽砧；C. 接嵌；D. 绑扎；E. 芽砧嫁接苗；F、G. 移栽；H. 苗木

2. 移苗砧嫁接法

此方法适应范围较广，冷热地区均可采用(图 5-8)。其嫁接时间在每年的 1
月中旬至 3 月上旬。滇南、滇西南较热地区可在 1 月中旬开始嫁接，滇西、滇
中等地在 2 月上中旬开始嫁接，滇西北、滇东北较冷地区在 3 月上中旬开始嫁
接。其嫁接方法是：用挖起的 1～2 年生移苗砧及良种的蜡封接穗在室内嫁接。
采用单芽切接，嫁接后栽入苗床，株行距 10cm×30cm，每亩种移苗砧嫁接苗
15 000 株左右。在较冷地区，种植时可将接口埋于土下，较热地区接口可露于
土上。栽后踩实土壤，浇透水，床面覆盖地膜，接芽须露出膜面，以免烫死，
膜面上压细土，以利于苗床的增温保湿，提高嫁接苗的成活率。该方法从培育

苗砧到嫁接直至苗木出圃需 2～3 年时间。移苗砧挖起后应假植于嫁接地旁背阴潮湿地，在室内进行嫁接，操作简单方便、效率高。挖起移苗砧进行嫁接能完全克服苗木伤流的产生，也是提高嫁接成活率的主要原因之一。

图 5-8　移苗砧嫁接

A. 砧木与接穗；B. 嫁接；C. 绑扎；D. 赤霉素蘸根；E. 移栽；F. 嫁接成活情况

3. 蓄热保湿嫁接法

该方法主要用于云南寒冷地区的核桃嫁接苗培育，以及铁核桃幼、中龄树的高枝换优嫁接改造(图 5-9)。对苗圃地内坐地砧苗进行坐地嫁接或对零星分布的 1～10 年生铁核桃树进行嫁接改造，可采用破头接或插皮接，将削好的接穗插入砧木接口，对准形成层，绑紧，然后在其接口部位绑一个蓄热保湿塑料袋。将袋的下口紧扎于接口的下方，使接口和部分接穗包在蓄热保湿袋内，袋内装入湿锯木(腐殖土或细湿土)，松紧适度，扎紧上口，接穗顶芽必须外露(若包在袋内，接穗就会被烫死)。袋内中午的温度可达 40℃左右，湿度在 85%左右，形成一个高温、高湿的小温室。套袋绑扎完毕后，在蓄热保湿袋底部用尖木棍通一个小孔排水，避免雨天袋中水分过多，浸泡腐烂接口，影响嫁接成活率。在 7 月中下旬当新梢抽至 50～70cm、接口愈合牢固时，即可去除保湿增温袋及绑扎带。去袋前，先将袋的上方打开 7 天左右，再将套袋及绑扎带一起用刀划去。

4. 芽苗砧刨土嫁接法

该方法是普洱市景东县农户探索出的育苗新方法(图 5-10)，多用于气温较高或温暖的地区。在每年 1 月中旬至 3 月上旬进行，将已育成的芽砧苗根茎部位的土刨开，露出较粗根茎作为嫁接部位，采用单芽切接的方法嫁接后，将所

图 5-9　蓄热保湿嫁接

A. 蓄热保湿嫁接技术；B. 破袋后正常生长

刨出的细土恢复至原位，埋住或外露接口，冷地区可埋住接口，热地区不能埋接口，浇透水，床面覆盖地膜。接芽必须露出膜外，以防灼伤致死。该方法的嫁接成活率可达 80%左右，当年嫁接可当年出苗。

图 5-10　芽苗砧刨土嫁接

A. 培育砧木；B. 嫁接

（四）嫁接苗的管理

核桃嫁接苗管理的好坏，关系到嫁接苗成活率的高低和苗木的生长质量，图 5-11 为生长期核桃苗圃地，苗期主要管理措施如下。

1）防止人、畜危害。应禁止人、畜进入苗圃地。

2）嫁接后经常进行检查，发现接蜡破裂，要随时补涂，保持接口密封。

3）抹除砧木上的萌发芽。嫁接苗的砧木易萌发出大量幼芽，影响嫁接成活率与接芽的生长，应每隔 7～10 天抹一次芽。

4）解除嫁接口上的绑扎条。约在 5 月中下旬，当嫁接苗的新梢长达 50～70cm 时即可解除嫁接口上的绑扎条，若不及时解除会勒入接口木质部，从而影响生长。

图 5-11 苗圃

5) 幼果摘除。嫁接后，如果在当年或第二年结果，应及时摘除幼果，使养分集中供应新梢生长，迅速形成壮苗。

6) 加强肥水管理和病虫防治。在旱季要保持苗床土壤湿润，每 10～15 天应浇一次水；在嫁接苗生长旺盛期(6～7 月)，每亩追施 50kg 尿素，采用沟施或穴施；在秋季应适当增施磷钾肥；在嫁接苗的生长期，除草松土 3 或 4 次，并疏除苗木基部密集叶序，以便通风透气。核桃嫁接苗的病害主要有细菌性根腐病，是由圃地排水不良引起的，发生时可用 1%硫酸铜或甲基托布津可湿性粉剂 1000 倍液浇其苗根部，每亩用液 250～300kg。也可用生石灰粉撒于苗茎基部及根际土壤处，防治效果良好。另外，嫁接苗有时会发生炭疽病、溃疡病及白粉病，发病时，可喷 70%的甲基托布津可湿性粉剂 800 倍液或 50%多菌灵可湿性粉剂 1000 倍液。核桃嫁接苗主要的害虫有象鼻虫、刺蛾、金龟子、绿蝉蛾等，可用 2.5%溴氰菊酯 500 倍液喷杀。

第五节　苗木出圃

嫁接苗出圃是云南核桃嫁接苗培育过程中的一个重要生产环节，起苗要适时。核桃是落叶树种，当苗木已大部分落叶(80%)，进入休眠期时才能起苗。起苗时应保持嫁接苗主侧根的完整，尽量少伤苗木根系。苗木分级按云南省地方标准《主要造林树种苗木》(DB53/062－2007)中嫁接苗质量的规定(表 5-1)执行，1、2 级苗为可供栽植的合格苗。起苗后不能立即运走的苗木要及时进行假植，浇透水，用草进行覆盖。苗木外运必须进行包装打捆，喷上水，挂好标签，注明品种、数量、起苗日期等。外运的嫁接苗要办理相关手续。

表 5-1　嫁接苗的质量等级

项目	等级	
	1 级	2 级
苗高/cm	>40	25～40
基径/cm	>1.2	1.0～1.2
主根保留长度/cm	>20	>10
侧根条数	>8	>6

　　总之，核桃育苗是个系统工程，它包括：苗圃地选择规划、种子采收与处理、砧木苗培育、嫁接苗的培育及苗木出圃等工作环节，每个环节都不能失误，一个环节失误，整个育苗工程就会失败，所以，必须认真计划，务实操作，才能培育出合格的良种壮苗供生产使用。

第六章　核桃园建设的综合技术

　　云南核桃树大根深，寿命长，要求光照良好，土壤深厚、湿润、肥沃，气候温凉的生态环境。选择种植园地应以适地适良种、区域性良种化栽培为原则；规划设计要结合实际，科学合理、充分利用好每一寸土地；种植管理要做到科学、规范、集约化。各个方面都要严格认真对待，否则会因园地选择不当，规划设计考虑不周，种植管理不到位，带来不良后果，其损失是无法弥补的，最终可能会造成建园失败。

第一节　园地选择

云南的核桃主要栽培在山区，地形地势十分复杂，选好核桃种植园地，可算建园成功一半。由于云南山区具有"一山分四季，十里不同天"的立体气候，云南核桃不同品种对气候条件、地形地势、坡向坡度、土壤和地下水位等的要求不尽相同，一定要按照不同核桃品种所需的生态环境选择种植园地。

（一）气候条件

云南核桃属温带干果树种，性喜温凉气候，一般在云南大理、保山、楚雄、普洱、玉溪、临沧及昆明等州（市），核桃园地所在的年平均气温为 12.7～16.9℃，相应核桃分布在 1600～2200m，生长正常；而在昭通、曲靖、丽江及迪庆等州（市），由于纬度稍高，要达到种植核桃的适宜气温，相应海拔应在 1200～2000m。在云南发展核桃往往受到纬度和海拔的影响，在低纬度地区，种植园应选择在海拔相对较高的地段；在高纬度地区，种植园应选择在海拔相对较低的地段，以获得适宜栽培核桃的气温。同时，应根据不同核桃品种对气候条件的需求来建园。

（二）地形地势

在云南，核桃种植园地最好选在山的中部和下部，具体种植地块应选在背风、向阳的山腰、山脚及山箐缓坡和平地，以及农耕旱地的地边、地角、房前屋后、路边、沟边等。既做到大块种植的规范性，又做到见缝插针、合理利用土地的灵活性，充分利用土地，建好核桃园。

（三）土壤要求

核桃树要求土壤深厚（1m 以上），以湿润、肥沃的壤土和砂壤土，pH 5.5～7.5，即微酸至微碱性土壤为宜。

（四）灌排条件

核桃园地既要有水源，又要有排涝条件，做到干能灌、涝能排，灌排双全。核桃种植园的地下水位要在 1m 以下，因核桃的根系"不怕流水（沟旁、箐边）而怕死水（不流动水）"，不流动的水很容易产生根腐病，所以在雨季园地内低凹位置必须有排涝沟。

（五）综合因素

核桃种植园地最好选在交通方便、社会经济较发达、人文素质较高、有一定核桃栽培经验和技术力量、劳力充足的地区，这样可为核桃园的建成及今后产供销的良性运转奠定基础。

第二节　园地规划设计

园地选定后，应根据建园目标、园地实际情况、建园规模大小、地形地势差异、所栽品种对立地条件的要求等，做到科学合理、充分布局好种植园区。对条件较差的地区，经充分研究后，可结合园地内山、水、林、田、湖、草的特点，采取综合治理，在实现园地规划设计过程中，做到利用效益最大化。

 一、规划设计原则

(一)整体规划原则

按照建园方针、经营方向的要求，结合当地的自然条件、物质条件等综合特点进行整体规划。

(二)合理配置原则

遵循"因地制宜、适地适良种、科学合理规划"的原则。依品种特性，确定品种配置及栽植方法。

(三)合理布局原则

应做到种植小区和水、电、路、建筑物等有机结合、合理布局，种植地面积应占园区面积70%以上。

 二、规划设计步骤

(一)园地踏查

在选园地的基础上进一步了解园地全貌及实际情况，为种植园规划打下可靠的基础。参加园地踏查的人员为经济林栽培、森林保护、气象、土壤、水利、测绘等方面的专业技术人员。踏查内容主要包括以下几方面：①收集种植园地的年均温、1月均温、7月均温、≥10℃积温、无霜期、年降水量及光照等气象资料；②调查分析种植园地的土层厚度、土壤质地、pH、有机质含量、大量及微量元素含量等土壤条件；③了解种植园地水源、水利设施、灌溉条件及以前所生长的树种、作物等情况；④调查种植园地周边地区的人口、劳力、经济、交通、能源、管理体制、市场销售、农业区划、污染源等社会环境状况；⑤测量土地面积，绘制平面图。

（二）规划设计

无论在平地还是山地建园，测完地形、面积、等高线以后，按核桃园规划的要求，根据园地的实际情况，对作业区、防护林、道路、排灌系统、建筑用地、品种选择及配置等进行规划，并按比例绘制核桃园平面规划设计图，撰写核桃园规划设计说明书。说明书内容主要包括：建园目的及任务，规划设计的具体要求，作业区、防护林、排灌及道路系统、土壤改良、株行距、品种配置、栽培方式、建园进度及栽后管理等技术要求。

 三、栽培模式设计

（一）栽培区划分

核桃园栽培区划应结合实际，对当地的地形、地貌、位置、方向、水源、植被等进行全面调查和分析，然后再针对该地区特点做出科学规划。有利于水土保持和栽培管理，一个大面积的山地核桃园，要因地制宜划分种植区。划分小区的原则是尽可能使一个小区内的土壤、气候、光照条件一致，有利于水土保持、园内运输和机械化作业。

（二）道路、排灌系统的设置

道路分为主路、支路和小路。为便于运输、管理并经济利用土地，核桃园的道路设置要尽可能与土地区划、防护林带和排灌系统相结合。主路要贯穿全园，与外路相连，道宽 4～6m，可通汽车或大型机械；支路是大区内的主要道路，外与主路相接，内通各个小区，应能通行小型机械，路面宽 2～3m，并在适当的地方设回车场；小路是小区内的通道，外与支路相连，内通各个梯台，路宽为 1～2m。纵向小路，应修成"Z"字形，两侧开排水沟，以减少水土冲刷。

山地核桃园多数无灌溉条件，冬春干旱季节，缺水严重，影响核桃树的正常生长和结果，甚至影响树的成活。夏秋雨季，降雨集中且强度大，水土流失严重，导致树体死亡。因此，核桃园排灌系统的设置，是保证核桃获得高产稳产的重要环节之一，在规划中应重点考虑。要按照既方便排灌，又有利于保持水土的原则进行设计，做到雨季能排、旱季能灌，小雨时雨水不流失、大雨时泥土不下山。灌水系统包括引水、输水、灌溉渠道和水池。有条件的可选择修建微型水库，无条件的可根据荒坡面和降水量情况，在核桃园上方挖掘一定高度、深度和长度的集水横沟（一般宽 25～30cm，深 15～20cm，长度因地形而定）。并在适当位置修建水窖蓄水（图 6-1）。微型水库和水窖中水的来源主要为雨季积蓄的自然水。排水系统由排水干渠、支渠和小渠组成。山坡较长、梯地级数较多的核桃园，应在中部适当位置增开 1 到 2 条壕沟，以减缓水力。在每行梯地的内侧，也应挖一道排水沟。地下水位较高的地块，应特别重视排水系统的设计，排水沟要结合降低水位逐步加大深度。

图 6-1　水池及灌溉设备

（三）品种配置

核桃具有雌雄异熟、风媒传粉的特性，传粉距离的长短与坐果率高低有一定关系，栽培时必须进行品种配置。品种配置是否合理，直接关系到核桃园的产量、坚果品质和经济价值，是优质、高产、高效生产的重要环节之一。配置品种必须掌握以下几点。

1）选择丰产、优质、抗逆性强的优良品种。

2）为了提供良好的授粉条件，最好选用 2 或 3 个雌雄花期能相遇的主栽品种，可互相提供授粉机会。

3）主栽品种与授粉品种的比例一般不低于 8∶1，能充分授粉。

优良品种和授粉树的配置可根据其花期进行安排，云南部分优良品种与授粉品种组合情况见图 6-2。

（四）种植模式设计

根据目前云南地区核桃种植情况，可设计为规范化种植、间种、四旁栽培三种种植模式。

1. 规范化种植模式

此种种植模式一般在立地条件较好，地形、地势较平整的情况下采用。该模式除应用良种壮苗外，其经营水平要求较高，应采用集约化栽培技术措施，才能获得丰产、稳产，以及优质的核桃(图 6-3)。

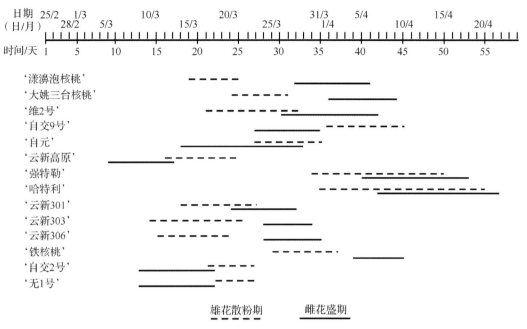

图 6-2　云南部分优良品种与授粉品种组合情况

图 6-3　云南核桃规范化种植模式

A. 规范化种植(生长期)；B. 规范化种植(休眠期)

2. 间种模式

间种模式是核桃与农作物或其他果树、茶叶、药用植物等间作，充分利用林下空间及光能的生态立体种植方式，比单纯的种庄稼或单纯的种核桃经济效益要高 40%以上。此种种植方式能够以耕代抚、以短养长，实现经济最大化，可大面积推广。这是云南地区目前经营面积最大、产量最高、质量最好、最受农民欢迎的核桃种植模式(图 6-4)。

图 6-4　不同间作模式

A. 核桃林间种烤烟；B. 核桃林间种茶叶；C. 核桃林间种苗圃；D. 核桃林间种芋头和生姜；
E. 核桃林间种苦荞；F. 核桃林间种附子；G. 核桃林间种白芨；H. 核桃林间种蔬菜；
I. 核桃林间种玉米；J. 核桃林间种魔芋；K. 核桃林间种当归；L. 核桃林间种小麦

3. 四旁栽培模式

在云南核桃适生地区的房前屋后、路边、沟边、田边地角等闲散地进行见缝插针的零星栽植，是目前常见的种植模式，这种模式既能产生经济效益，又能美化绿化景观，还能起到保持水土的作用(图 6-5)。

图 6-5　四旁栽培模式

A，B. 房前屋后种植模式；C，D. 路边种植模式；E，F. 田边地角种植模式；G，H. 沟箐种植模式

第三节　园地种植与管理

　　种植与管理是核桃建园工作中的重要环节之一。只有确保高质量的良种壮苗及科学合理的栽培管理措施，才能提高苗木的成活率和保存率，也能促进幼树的生长发育及苗壮成长，为今后核桃园实现早实、丰产、优质及高效打下良好基础。

▶▶ 一、种植前准备

(一)整地挖塘

1. 坡地改良

坡度是指坡面的倾斜程度,坡度除对光照有一定的影响外,还对水土流失强度有较大影响。坡度越大、坡面越长,径流水的流速越快,长期侵蚀使土壤变贫瘠。核桃种植前需要先对种植地进行改良,对于坡度<15°的坡地,可直接打塘种植;坡度在15°~25°的,要将坡地改造为台地后再种植;坡度>25°不宜种植核桃。

在15°~25°坡地,要沿等高线开出种植水平台地。本着上挖下填、削高填低、大湾顺势、小湾取直的原则,筑成外埂略高、内侧稍低的水平台地。台面因地制宜,一般宽3~5m,台地的内侧挖出宽30cm、深15~20cm的排水、蓄水沟,以防止水土流失或排水不畅而引起坍塌。每隔2或3台台地需设置一条隔离带,隔离带的宽窄因地形地势而定,一般2~3m,隔离带上应保留原有植被(图6-6~图6-8)。台地整好后,台面全面深翻30~40cm,按规定的种植株行距挖定植塘。

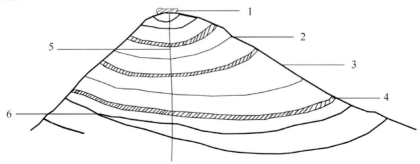

图6-6　水平台地修建与灌水系统设置示意图

1. 蓄水池(作业区最高处设蓄水池);2. 等高线;3. 等高线太宽(加一台);
4. 隔离带;5. 蓄水池灌水主道(沿等高线设灌水支道);6.等高线太窄(减一台)

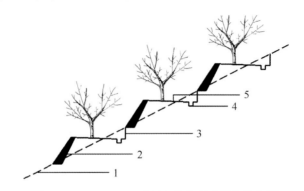

图6-7　15°~25°坡地建台地剖面示意图

1. 原山地坡度线;2. 台地壁;3. 削台地内壁;4. 排水沟;5. 台面种植地面

图 6-8　坡地改良实景图（云南省林业和草原科学院核桃种质资源圃）

A、B 均为坡地改台地

2. 挖定植穴

挖定植穴有利于土壤熟化，多在夏末秋初进行。穴的规格为(80～100)cm×(80～100)cm×(80～100)cm。没有条件提前挖定植穴的地方，也可以在种植前现挖现栽。挖定植穴时将穴中的表土与心土(石)分开堆放。如果土壤黏重或下层为石砾，则应适当加大、加深定植穴。挖定植穴的位置一般按水平布置，即每行都在同一水平面上(图 6-9)。对于地形过于复杂的地方，可以先挖大鱼鳞坑，然后逐步扩大树盘，最后修成台地。鱼鳞坑是一种水土保持造林整地方法，在坡面和支离破碎的沟坡上沿等高线自上而下的挖半月形坑，人工直接刨挖，表土回填、生土培埂，外稍高内低，沿山坡呈"品"字形排列，形如鱼鳞。

图 6-9　机械挖定植穴

(二)施基肥

基肥主要以迟效性的农家肥为主，如厩肥、堆肥、绿肥、秸秆肥、糟渣肥、泥肥等。定植穴挖好后，每穴施入腐熟的农家肥 60～100kg、普钙 1kg 或钙镁磷肥 1.5kg，与表土拌匀后回填至种植穴内(图 6-10)。

图 6-10　施基肥

A. 施基肥；B. 枯枝落叶垫底层

（三）苗木准备

定植前，要做好良种壮苗的准备（图 6-11）。通常使用嫁接苗进行种植，苗木要选择粗壮匀直、无冻害风干、充分木质化、色泽正常、嫁接口处愈合良好、无病虫害和机械损伤、根系发达、有较多侧根和须根的健壮苗。苗木标准至少要达到省级 1 级或 2 级。

图 6-11　壮苗

》》 二、种植技术

（一）种植时间

云南核桃树的定植时间分春、秋两季，但以春季为主。在灌溉条件较好的地方，应采用春种（立春前）；在缺水无法灌溉的地方，秋末冬初核桃苗已进入休眠，秋雨尚未结束，土壤湿度较大时采用秋种。

(二)种植方法

一般根据核桃品种、种植目的、山势及地形而定。凡山势平缓、坡度不大的，可以按长方形栽植；如果坡度大、台面窄，则以三角形为宜。核桃树苗定植前，应将苗木的伤根及烂根剪掉，解去包扎嫁接口的薄膜，有条件的地方可用 100mg/L 生根粉液或吲哚丁酸液浸根 1～2 小时再栽植。然后将苗木放入穴中央，舒展根系，填入部分细土后，轻提苗木，让其根系舒顺(种植的深浅应适度)，再填入一些细土踩实。在填土约一半时，浇水 1 次，让所浇水分能达到定植苗的根部，再继续填土与地面相平。全面踩实后，做好树盘(指树冠垂直投影以内的范围，为根系提供水分和无机物的基地，这里是指栽树以后进行施肥浇水的操作区域)，再浇第 2 次水，这样可使定植穴内的土壤含水均匀。待水渗透后，再用细土覆盖穴面，盖上薄膜，用细土压紧即可(图 6-12，图 6-13)。

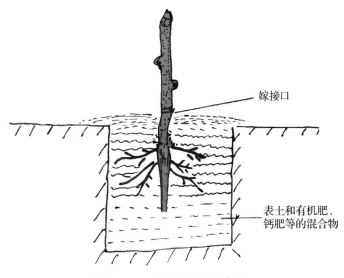

嫁接口

表土和有机肥、
钙肥等的混合物

图 6-12　核桃栽植示意图

图 6-13　苗木种植

A. 施基肥；B. 栽植；C. 浇水；D. 覆膜

在 1995～2015 年，云南省大力发展核桃种植期间，群众总结出"八个一"的种植方法，即选择一块适宜种核桃的好地、挖一个大穴、施一担有机肥、选一株良种壮苗、浇一担定根水、盖一块地膜、设一个防护笼、在寒冷地区用草为其穿一件防寒外衣，把种植方法说得简单明了，非常经典。

（三）种植密度

种植密度根据当地气候、土壤条件、品种及核桃园管理水平进行综合考虑。种植晚实品种的株行距为 $(7～8)$ m×$(8～9)$ m（每亩 8～12 株）；种植早实品种的株行距为 $(4～5)$ m×$(5～6)$ m（每亩 20～30 株）。

三、种植后管理

俗话说"三分栽七分管"。核桃栽后 1 年内是成活生长的关键阶段，需要加强管理，促进其成活及快速生长。主要是通过以下几个方面进行管理。

（一）灌溉排涝

在定植时已浇足定根水并用地膜覆盖的，一般当年定植后旱季每月酌情灌水 2～3 次，每次约 30L。夏秋季雨量较大，要及时采取措施进行排涝，做到能排能灌，确保核桃种植成活。

（二）防寒防冻

云南核桃定植的第一年冬季，应关注天气情况。如遇极端低温，要及时采取防护措施以防冻害发生而造成大面积幼树死亡。目前最常用的方法是树干涂白和培土，即用水、生石灰、食盐、硫黄粉、油脂按 100：30：10：8：5 的比例配成涂白液，将新植核桃苗全树涂白，涂白时注意留出芽，并在苗木基部 30cm 的范围内培一土堆，以防冻伤根颈及嫁接口，在来年春季气温回升且稳定后去掉，整平树盘。

（三）施肥

雨季追肥 1 或 2 次，一般在雨季初期的 5 月底追肥一次，7 月中旬追肥一次。每株施氮肥 50g、磷肥 40g、钾肥 20g。

（四）中耕除草

除草与松土可同时进行，时间主要视杂草生长状况而定，核桃在 6 月和 9 月除草较佳，还可结合追肥一起进行。

（五）定干、整形

定干、整形是核桃栽培管理中的一项重要技术措施，因核桃品种不同，其定干、整形技术各异。一般在核桃种植后长到 1.5～2.0m 时进行定干，萌发后在不同方向保留 3 或 4 个主侧枝培育成开心形，或 2～4 主侧枝培育成疏散分层形。

（六）病虫害防治

如遇积水应及时排出，以防根腐病的发生。如有病虫害发生，应采用综合防治方法及时防治，具体防治方法参见本书第八章。

定植第二年后管理可参照本书第七章核桃园管理。

第七章　核桃园管理

核桃园必须采用科学合理的方法来进行管理，通过"三分栽七分管"，才能建成丰产、优质及高效的核桃园，实现建园的初衷。

核桃园管理，既要根据核桃树一年生长中所需的水分、养分等进行，也要考虑到核桃树整个生命周期不同生长发育阶段的特点和需求。主要内容是：核桃园幼树管理、核桃园结果期管理和衰老核桃树更新，以及因某些因素造成的核桃低产园的提质增效。

第一节　核桃园幼树管理

核桃树的幼龄期是指 1 年生的嫁接苗木定植后到开始结果的一段时间。幼龄期时间因核桃的类型不同各异，晚实核桃类型的幼龄期为 5～8 年，早实核桃为 2～3 年。核桃幼树的管理十分重要，通过树体管理，及时定好干、整好型，为以后丰产树形打下扎实基础；进行科学合理的土壤管理，供给充足养分及水分，使幼树生长发育健壮，促进幼树开花结果，为未来丰产、稳产奠定良好基础。避免在核桃种植前期因无效益而不管或管理很差，使幼树生长发育不良形成"小老头树"，这就失去了建园的意义。

一、树体管理

核桃幼树的树体管理主要内容是定干、整形、修剪及树干刻伤。

定干、整形与修剪是幼树核桃园的重要技术措施之一。由于幼树生长较快，若不及时进行整形修剪，任其自然生长，易造成树形紊乱，树体结构不合理，影响未来核桃树的丰产与稳产。因此培育良好的丰产树形和牢固的树体骨架，有效控制主枝与各级侧枝在树冠内部的合理分布，创造良好的通风透光条件，是促进幼树早实、丰产、优质的关键措施。

（一）晚实核桃树体管理

1. 定干、整形

在树冠形成过程中，按照核桃的生长、开花、结果特性经人为干预，有目的地培养结构合理、适宜生长、丰产理想的树形。

（1）定干　　云南晚实核桃寿命长（100～300 年甚至以上）、树体高、冠幅大，为方便间作及管理，一般于苗木定植后 1～2 年，生长高度达 2m 左右，秋末冬初核桃落叶休眠后，采用短截的方法进行定干（图 7-1）。

（2）整形　　核桃主要树形有开心形和疏散分层形。

1）开心形：从核桃主产区观察到，核桃自然树形 90% 以上是开心形，以 2 或 3 个大主枝开心形最为理想，该树形光照足又通风，结果面大，能促进丰产，所以应多加采用。

图 7-1　定干

定干后的次年春天，在树干顶部萌发出的侧枝中，按不同方向选 2～4 个主枝，以 3 个主枝最为理想，可形成三大主枝开心形的树冠(图 7-2)。

所选的主、侧枝(或侧芽)之间距离为 20～30cm，生长势基本一致，各主、侧枝开张角度 40°～60°，随着时间推移长出 1 级分枝、2 级分枝、3 级分枝，逐年生长，形成庞大的圆头形树冠。

图 7-2　开心形

A. 两大主枝开心形；B. 三大主枝开心形；C. 四大主枝开心形

2)疏散分层形(主干分层形)：定干高度(2m)确定后，在主干顶部选 3 个不同方向(水平夹角 120°左右)生长健壮的侧枝(侧芽)，培养成第一层主枝，层内侧枝距离 30cm 左右；生长 3～5 年后，可选留第二层，层间距要达 1m 左右，选留侧枝 2 或 3 个，所选留侧枝位置要与第一层位置错落有致。若层间距不够，可推迟选留第二层。第三层选留相隔时间在 5 年左右，一般三层即可。在选留各层侧枝的同时，侧枝上的分枝已逐渐萌发生长，疏散分层形的树冠骨架已基本形成(图 7-3)。在培养主、侧枝过程中，应注意促进分枝，培养结果枝及结果枝组。

图 7-3　疏散分层形

2. 修剪

云南核桃发枝力较弱，果枝类型多为中长果枝，短果枝较少，约占 20%。

(1)修剪时间　在云南主要修剪时间是在秋末和冬季，核桃树进入休眠期后进行，也可结合采接穗在 1 月进行，春季和夏季可进行辅助性修剪。

(2)修剪方法　在幼树时期，主要采用剪除病虫枝、枯枝、弱枝、交叉枝、背下枝、平行枝，回缩偏冠强势枝，对发育枝以放为主的措施，以便扩大树冠、增强树势，为盛果期的树形打下坚实的基础。

在春季和夏季的辅助修剪时，主要采取剪除病虫枝、主干下部的萌发枝、树冠外围垂向地面的背下枝等措施。

3．树干刻伤(放苦水)

核桃树干刻伤是树体管理中的一项措施。不是所有的核桃树干都要刻伤，应刻伤的树一般是 15～30 年生，营养生长过盛，已过开花结果年龄，但不开花不结果，农民称其为"公树"。经观察，生理正常的核桃树每年 1 月底至 2 月初，气温回升时，根部的树液由于根压作用就会向树体顶部枝条上升，核桃树就开始萌发、展叶、抽梢、开花结果；到 9 月中下旬(白露前后)，核桃果实成熟采收后，随着气温下降，树冠上的树叶由暗绿色慢慢变黄，产生落叶，树冠上枝条的营养液通过枝、干流向土壤中的根部进行储存，这时候核桃开始休眠(11 月底至翌年 1 月)，待翌年春天再发芽。但在核桃生产中，也存在着少量核桃树营养生长旺盛、枝肥叶茂，但不开花不结果的情况，这是一种不正常的生理现象。根据经验推测可能是树体生理失衡，所供营养主要用于营养生长，所剩营养不足以形成花芽、果枝，最终成为不开花不结果的"公树"。根据几百年来劳动人民总结的经验发现，对这部分"公树"经树干刻伤后，第二年即会开花结果(图 7-4)。

图 7-4　树干刻伤(放苦水)

(1)刻伤原理　刻伤后，切断了树干的部分输导组织，阻止部分养分和激素往下运输，保留在树冠上，从而促进刻伤伤口以上部位碳水化合物的积累，进而抑制当年新梢的营养生长，促进生殖生长，有利于花芽分化，形成花枝、果枝。

(2)刻伤时间　核桃采收后、尚未落叶前，在云南一般为 9 月底至 10 月初。

(3)刻伤方法　在树干离地面 1m 的范围内，用砍刀由下而上横刻，深度达木质部，一刀与一刀之间的距离为 5～10cm，刻伤的刀口应错位，不能相连，刻伤只能横刻，不能竖划，更不能乱刻损坏核桃树体。

(二)早实核桃树体管理

早实核桃 1 年生嫁接苗定植成活后，树干下部会萌发出较多的侧枝，而且分枝高度较矮，有少数单株定植后 1～2 年就开花结果，3 年内全部开花结果，树体矮化、发枝力较强是早实核桃生长发育特性，因此在树体管理上与晚实核桃有一些不同之处。

(1)定干　早实核桃树体矮化，冠幅较小，属早、密、丰栽培类型，定植后 1～2 年即可定干，定干高度以 1.5m 左右为宜，以促进侧枝萌发，利于整形。

(2)整形　定干后，在树干顶部萌发出较多的侧枝后，在不同方向选留 3

或 4 枝侧枝，培养成三或四大主枝开心形树冠。由于早实核桃发枝力较强，树体矮化，树形应以开心形为主。

(3)修剪 早实核桃分枝早、枝量大，易造成树冠内部枝条密度大，不利于通风透光。因此，要本着去弱留强的原则，随时疏除过密枝。营养枝以放为主，以扩大树冠。主要剪除病虫枝、枯枝、弱枝，以及密集的交叉枝、平行枝、背下垂枝、过多的雄花枝，以形成大枝大而少、小枝多而小的主体结果树形。早实核桃的发枝力比晚实核桃要强，在修剪上要更细致些，才能合理调节树体营养，促进丰产、稳产及优质。

二、土壤管理

核桃树每年均需从土壤中吸收大量的营养元素，以维持正常的生长发育和开花结果。若土壤管理不到位，营养成分供应不足，处于生长发育快速期的核桃幼树会生长发育不良，形成"小老头树"，影响核桃园今后的丰产、稳产、优质和效益。因此，幼树核桃园的土壤管理显得尤为重要。

(一)晚实核桃园土壤管理

1. 园地深耕改土

深翻土壤可与施基肥相结合进行。秋末冬初时，将农家肥按每亩 3000～5000kg、普钙 200kg 的用量均匀撒入地内，然后进行深耕园土，深度达 30cm 左右，晾晒几天后，将土块耙细后待间作。每年如此深耕，能够使土壤熟化、松软、肥沃(图 7-5)。

图 7-5 深耕

2. 科学施肥

核桃幼树阶段生长旺盛，必须通过施肥不断补充土壤中养分，才能满足生长发育的需要，调节生长与结果的关系，促进花芽分化，促使幼树提早结果。此阶段以施氮肥为主，磷、钾肥为辅。

(1)肥料种类　　有机肥料：主要有人、畜、禽类粪尿及绿肥等。无机肥料(简称化肥)，是以矿物质、空气和水为原料经化学及机械加工制成的肥料。其中，大量元素肥料包括氮素肥料、磷素肥料及钾素肥料。氮素肥料主要有尿素、磷酸氢铵、硝酸铵、氯化铵、硫酸铵等；磷素肥料主要有过磷酸钙、磷矿粉；钾素肥料主要有硫酸钾、氯化钾、草木灰等。复合肥料，主要有磷酸氢二铵、磷酸二氢钾、氮磷钾复合肥等。

另外，还有核桃所需的中量元素肥料：钙肥、镁肥、硫肥。钙肥种类主要有石灰、石膏；含镁肥料可大致分为难溶性含镁肥料如菱镁矿、白云石，以及水溶性镁肥如氯化镁、硫酸镁和硫酸钾镁等；硫肥种类有天然硫矿、黄铁矿、硫酸铵、硫酸钾、硫酸铜、硫酸镁、硫酸亚铁等。

核桃所需的微量元素肥料有锌、硼、锰、钼、铜及铁 6 种。主要锌肥种类有七水硫酸锌、一水硫酸锌、氧化锌、氯化锌等；硼肥种类有硼砂、硼酸、硼泥等；常用锰肥主要是硫酸锰，施锰肥有明显增产作用；钼肥品种有钼酸铵、钼酸钠和三氧化钼等；铜肥主要种类有硫酸铜、氧化铜、氧化亚铜等；铁肥主要品种有硫酸亚铁、尿素铁络合物、硫酸亚铁铵等。以上微肥可做基肥、追肥及喷施使用。

(2)施肥方法　　施肥方法有放射状施肥、环状施肥、穴状施肥、条状施肥和叶面喷施等，要根据地形地势及栽培模式因地制宜，选用效果好的方法。

1)放射状施肥：以树冠为中心，在树冠投影范围内，射线状地开挖 4～8 条施肥沟，宽 20～40cm，深 30cm 左右(基肥稍深，追肥较浅)，沟长与树冠半径相近，沟深由冠内向冠外逐渐加深。施肥沟挖好后，将肥料撒入沟内，与土壤充分拌匀后，再用挖出的土填埋整平。每年施肥沟的位置要变更，并且随着树冠的不断扩大而逐渐外移。该方法主要用于长势强、树龄较大的核桃树(图 7-6)。

图 7-6　放射状施肥

2)环状施肥:以树干为中心,沿着树冠外缘,挖一环状深 30cm、宽 20～40cm 的施肥沟,将肥料撒入沟内与土壤拌匀后,再将挖出的土壤填入沟内,然后覆土整平。基肥深埋,追肥浅埋。施肥沟可挖半环,也可挖全环,挖半环的需一年换一个方位,轮流开挖。该种方法适于 3～4 年生以下幼树(图 7-7)。

图 7-7　环状施肥

3)穴状施肥:在树冠投影范围内,开挖若干(数量和大小根据树冠大小而定)小穴,将肥料埋入。该种方法一般用于追肥,若用于基肥,穴要挖大、挖深些(图 7-8)。

图 7-8　穴状施肥

4)条状施肥:在核桃树行间或株间,切树冠边缘相对的两侧,分别挖平行的施肥沟，沟的宽和深与其他方法相同，长度根据树冠大小定。挖沟的位置一年一换(图 7-9)。

图 7-9　条状施肥

5)叶面喷施：这是一种与土壤施肥相结合的辅助性施肥方法。喷施叶面肥后，养分从叶片背面的气孔进入树体，为核桃树吸收利用，肥料利用率高，吸收也快。当树体出现缺素症时，或者补充某些容易被土壤固定的元素时，采用叶面喷施的办法可以收到良好的效果。

通常用作叶面施肥的肥料种类和浓度：尿素 0.3%～0.5%(或草木灰浸出液1%)、磷酸二氢钾 0.3%～0.5%、硼酸 0.1%～0.2%、钼酸铵 0.5%～1%、硫酸铜0.3%～0.5%。喷肥时间可根据需要分别在开花、新梢快速生长期、花芽分化期及采果后进行，宜在晴天的上午 10 时前和下午 3 时后喷施，阴雨或大风天气不宜喷施。

在施肥时，应注意草木灰不能和腐熟人粪尿混合施用。因为草木灰的主要成分是碳酸钾，其水溶液呈碱性，而腐熟的人粪尿中的氮素以碳酸铵形式存在，当它遇碱时，就会挥发出氨，由此造成氮素损失而降低肥效。

(3)施肥时间　　施基肥和施追肥分在不同时间进行。

施基肥，最好在每年的秋末冬初(9 月下旬至 11 月下旬)进行。此时土壤湿润疏松，施肥易操作，有机肥料易分解；最迟时间在翌年立春前施完。施基肥的肥种以有机肥为主(人、畜、禽粪尿及绿肥)。埋绿肥则应在 7～8 月进行。

施追肥，在每年核桃生长期间进行 2 次追肥。第一次在核桃展叶初期(4 月上中旬)进行，施肥量占全年施肥量 60%；第二次在 6 月下旬，核桃生长发育旺盛期进行；结果后可提前到 6 月上中旬进行。追肥以速效肥(化肥中氮、磷、钾肥及复合肥)为主。

间作栽培模式的核桃施肥时间与间作作物施肥相结合进行。

(4)施肥量　　云南各地可根据晚实核桃幼树的生长发育情况、土壤肥力高低及栽培管理水平等，参考下列标准施肥。1～5 年生未结果之前，一般按土壤中等肥力计，按树冠垂直投影面积(冠幅面积)每平方米施无机氮肥 50g(约占70%)，磷、钾肥各 10g(各占 15%)。进入结果期(10 年左右)，应适当调整肥种肥量，氮肥 50g(占 56%)，磷、钾肥各 20g(各占 22%)。施有机肥(厩肥)，从种植后第 3 年开始施，按冠幅每平方米 5kg 计。

从长远发展的趋势来看，核桃施肥应采用"测土配方施肥"，既要了解核桃园土壤中营养元素的含量情况；又要摸清各种肥料中各营养元素的含量情况，做到"测肥配方施肥"。二者有机结合，做到缺哪种元素施哪种元素，缺多少施多少，从而达到精准科学施肥。

(5)合理间作　　核桃园间作在云南已有几百年历史。通过间作实现了以耕代抚、以短养长，节省人力物力，在有限土地资源上，使生产效益最大化。因此，在核桃幼树阶段进行间作是十分必要的。

间作的模式与方法以不影响幼树的生长发育为原则。一般核桃种植后前 3 年最好间作矮秆作物,3 年后可根据需要选择。间作模式主要有:核桃+农作物(烤烟、豆类、魔芋、小麦、花生、茶、荞麦、萝卜、蚕桑、辣椒、南瓜、禾谷类等非攀缘性矮秆农作物)模式，核桃+药材(川续断、龙胆草、滇重楼、附子、板蓝根等)模式，核桃+绿肥(毛叶苕子或豆科植物等绿肥植物)模式。

(6)中耕除草　　实行间作的核桃园，中耕除草可结合间作作物的管理一起进行。为避免杂草与核桃树争营养和水分，影响其生长发育，每年需进行中耕除草 3 或 4 次，达到疏松土壤、改善土壤结构的目的。

(7)灌溉与排涝　　年降水量 600～800mm 且树体分布均匀即可基本满足核桃树生长发育的需要。冬春干旱季，需要通过灌溉补充水分。在核桃幼树生长发育过程中，以下各时期不能缺水。

1)早春，在 2～3 月，核桃进入萌动期，开始发芽抽枝。这时春旱缺水，影响核桃树的生长发育。应结合施肥进行灌水，可促进开花坐果。

2)3～4 月，雌花受精后，果实迅速生长，这一时期需要大量的水分和养分，干旱时应进行灌水。

3)5～7 月，核仁开始发育，果实进入快速生长期，需要足够的水分供应。此时已进入雨季，除长期高温干旱外，一般不需灌溉。

4)10 月末至 11 月初，结合施基肥进行一次灌溉，不仅有利于基肥腐烂分解和土壤保墒，还能提高幼树新枝的抗寒性。

此外，在生长期间，如地表长期积水或地下水位过高，都会影响核桃树的生长发育，造成根系窒息死亡或发生根腐病。因此要及时降低地下水位或排出地表积水，为核桃树的生长提供良好的环境。

（8）其他管理措施　　防止冻害、火灾、牲畜破坏也是核桃园管理的技术措施。

1）幼树防冻害：1～3 年生核桃幼树要严防冻害。在云南部分地区春季有倒春寒现象，而幼树木质化程度不高但含水量高，易受冻害造成顶枝和侧枝干枯，甚至整株冻死。因此，幼树防冻害极为关键。防寒方法同本书第六章第三节"种植后管理"。

2）防火：云南核桃园地都在山区，在丛林包围之中。干季（12 月至翌年 5 月），易发生山火，毁坏核桃林，应加以防范。

3）防止牲畜破坏：核桃种植 1～3 年时，因幼树矮小，易受放牧在山林中的牲畜损害，应加围栏防护。

（二）早实核桃园土壤管理

早实核桃与晚实核桃在生长发育特性方面有所不同。因此，在园地土壤管理方面也不完全一样，特别在幼树时期，早实核桃的营养生长和生殖生长几乎是同时进行。因发枝力强，丰产性能好，所以消耗的养分、水分较大，若不进行集约化栽培管理，早实核桃就会出现早衰，很难实现早实、丰产、优质及高效的目标。

1. 深翻园地，熟化土壤

在秋末冬初，核桃及间作作物收获后，结合施基肥及小春（秋末冬初）间作进行第一次深翻土地；在春末夏初种植大春（春季 3 月下旬）前，进行第二次深耕园地。一年内 2 次深翻园地，深度应在 30cm 左右。

2. 科学施肥

（1）施基肥　　果粮间作栽培模式，施基肥与深耕土地相结合。在秋末冬初，核桃及大春农作物（豆类、薯类及其他矮秆作物）收完后，准备种小春作物（小麦、蚕豆、豌豆）时深耕土地，每亩施有机肥（农家肥）3000kg；在春末夏初，核桃幼果形成及种大春作物（豆类、薯类及其他矮秆作物）时，结合深翻土地每亩施农家肥 3000kg。零星种植及四旁种植每年每株施 150～300kg 农家肥。

（2）追肥　　早实核桃结实早（2～3 年），消耗养分多，营养生长缓慢，主根浅、侧根根冠小，所以吸收养分不多。每年需在生长期间追肥 3 次才能满足生长发育、开花结果的需要，追肥以无机速效肥（化肥）为主。

1）第一次追肥在开花前（2月上旬）进行，2～3年生幼树，每平方米冠影面积施肥量50g（氮、磷、钾比例为3∶1∶1），4～6年生施80g，7年生以上施100g。

2）第二次追肥在5月中旬幼果生长发育期进行，2～3年生幼树每平方米冠影面积施肥量60g（氮、磷、钾比例为2∶1∶1），4～6年生施100g，7年生以上施120g。

3）第三次追肥在7月上旬果实硬核期进行，施肥量及肥种比例与第二次追肥相同。

根据需要可以施中量元素肥料钙肥、镁肥、硫肥及微量元素肥料锌肥、硼肥、锰肥、钼肥、铜肥、铁肥等。

3．灌溉

根据早实核桃生长发育的特性，其对水分的需求远大于晚实核桃。云南干湿季明显，在干季（12月至翌年5月）灌溉时期如下。

1）1月底至2月：芽萌动期，核桃进入生长期，开始发芽、抽梢，此期正值云南早春干旱缺水时期，土壤缺水会影响核桃萌芽及树体生长。这个时期可结合施肥进行灌水，能促进萌芽、抽枝、展叶、开花及坐果。

2）3～4月：雌花受精、幼果形成期，干旱时及时灌溉。

3）4～5月：幼果迅速生长期，干旱时及时灌溉。

此外，排涝、间作、中耕除草等技术措施参照晚实核桃即可。

第二节　核桃园结果期管理

结果期是核桃生命周期中的黄金阶段。管理水平是高产、稳产、优质的关键，对结果持续时间、产生的经济效益起决定性作用。

 一、晚实核桃园结果期管理

云南核桃一般在5～8年开始结果，15年进入初盛果期，25年进入盛果期，盛果期可持续百年之上，长的可达300年以上。盛果期的长短与立地条件的好坏和管理水平的高低有着密切的关系。核桃进入结果期，营养生长和生殖生长逐渐趋于平衡。结果枝前期多为中、长果枝，后期随着结果年限的增加变为中、短果枝，结果后期短果枝占80%以上，而且果枝连续抽生结果年限长达10多年，并不断向外萌发生长，扩大树冠结实部位，随着树冠不断扩大核桃产量日渐增加。要保持和增强结实能力，促进核桃的营养生长和生殖生长持续平衡稳定，克服或减少大小年现象，实现高产稳产，必须加强核桃园结果期的管理。

（一）修剪

晚实核桃树体高大，树高可达 20～40m，树冠庞大，冠幅面积一般在 15～25m^2，大的可达 1200m^2 以上（2 亩多），要像其他果树一样修剪难度较大。几百年来，云南核桃主产区大树、古树一般结合果实采收进行修剪，果实采收后用砍刀砍除枯枝、病虫枝、寄生枝及下垂枝。现在随着规模化种植和集约化经营，修剪方法逐步改进，主要在结果初期和盛果期进行修剪。

1. 结果初期

修剪时应去旺留壮，先放后缩，或放缩结合培养枝组。间疏各种无用的密挤枝、细弱枝、徒长枝，使各类枝条分布均匀，尤其是内膛枝条要疏密适度，长势中庸健壮；对影响主侧枝生长的辅养枝可以逐步回缩削弱长势，给主侧枝让位。修剪程度应根据树势的强弱和栽培条件来确定，树势强、枝条生长量大，修剪宜轻，反之宜重。

2. 盛果期

此期修剪的主要任务是调节生长与结果的关系，不断培养结果枝组，缩短大小年间隔，改善树冠内的通风透光条件，延长盛果期限，维持树体健壮，达到稳产、高产。

1）盛果期的核桃树，骨干枝和外围枝容易出现过长及下垂现象，应及时回缩骨干枝和下垂枝，疏除过密过弱的内膛外围枝，对有利用空间的外围枝可适当短截。

2）在盛果期，培养结果枝组的原则是大、中、小配置适当，在各级主侧枝上分布均匀。

对生长在骨干枝上的大、中型辅养枝，回缩改造成大、中型结果枝组；对树冠内健康发育枝，采用先放后缩的方法，培养成中、小型结果枝组；对部分留用的徒长枝，应首先开张角度，控制旺长，配合夏季摘心、秋季修剪进行短截，促生分枝，形成结果枝组。结果枝组更新应采用缩剪和疏剪的方法，对 2～3 年生的小型结果枝组，采用去弱留强的原则，根据树冠内可利用空间疏除弱小及结果不良的枝条；对于中型结果枝组，应及时回缩更新，使其内部交替结果；对大型结果枝组，注意控制好高度与长度。

3）对徒长枝修剪应采用留、疏、改相结合的办法，当其与骨干枝不发生矛盾时可保留不动，若影响主枝生长时，要及时去除或回缩。对长势中等、分枝良好，又有可利用空间的可剪去枝头，将其改造成结果枝组。如内膛有空间，或其附近结果枝已衰弱，则可把徒长枝培养成结果枝。通过修剪，最终实现大枝大而少、小枝多而小的丰产、稳产立体结果树形。

（二）土壤管理

1. 耕翻土壤

每年对核桃园地进行耕翻是改良土壤、改善土壤结构和提高肥力的重要措施之一。长期进行果粮间作的核桃园可结合间作作物同时耕翻，如园地不便或没有实行间作，必须每年耕翻。核桃采收后秋末冬初结合施基肥耕翻园地，深度30cm左右，根据地形可采用人挖或机耕。在地形、坡度较大的地块，结合耕翻土地，应逐步修成台地、扩大树盘、打保埂，防止水肥流失。

2. 施肥

核桃进入结果期，生长、结实与营养状况息息相关，尤其是对氮、磷、钾三大营养元素的需求量逐渐增大。云南核桃主产区大多为果粮间作的核桃园，立地条件好、土壤肥沃，果实产量、质量都比较稳定；而生长在立地条件差、土壤贫瘠、营养缺乏的地块，树势弱、产量低、大小年结果明显。因此必须根据核桃园的营养状况注重施肥工作。

（1）施足基肥　　结果期的核桃树，每年都要开花结果，营养物质消耗量大，为持续维持核桃树强健的树势，保证产量和质量，每年必须施足基肥。

1）果粮间作的核桃园：施基肥应结合每年大春、小春间种农作物一起进行。据调查了解，农户每年大、小春收割后，各施一次基肥，每次每亩施2000～3000kg厩肥。这是农作物和核桃树共享的肥料，随着时间推移，核桃树不断长大、产量不断提高，所消耗的营养也在上升。随着树龄的不断增大，施基肥的数量也应适时增多，这样才能确保果茂粮丰。

2）未实行间作的核桃园：施肥时间在核桃采收后，土壤含水量较高的秋末冬初进行。施肥种类是有机肥（厩肥）及适量钙、镁、磷化肥（或普钙）。15～40年生树每平方米冠影面积施厩肥5kg（每亩约3000kg），钙、镁、磷肥（或普钙）200g（每亩约150kg）；40年以上生树每平方米冠影面积施厩肥6kg（每亩约4000kg），钙、镁、磷肥（或普钙）300g（每亩约200kg）。

（2）追肥　　间作栽培模式和零星分散及四旁种植施追肥有一些不同。

1）间作栽培模式：结合每年大、小春间种农作物一起进行，每次每亩追施尿素或复合肥200kg左右，间作小春作物的追施时间在3月上中旬，间作大春作物在6～7月。

2）零星分散及四旁种植模式：此类核桃树追肥多采用速效化肥，以每年追肥三次为宜，每次每平方米冠影面积施300g。第一次在立春后，树液开始流动、芽萌动时追施，氮、磷、钾比例为3∶1∶1；第二次在5～6月幼果迅速生长期，氮、磷、钾比例为2∶1∶1；第三次在7月底至8月上旬油脂积累期，氮、磷、钾比例为 1:1:1。根据需要也可适量增施中量元素肥料钙肥、镁肥、硫肥及微肥锌肥、硼肥、锰肥、钼肥、铁肥等。

3. 合理间作

此期核桃园郁闭度大，宜选择耐阴的农作物、中药材、菌类等矮秆作物，但间作只能在树盘外的行间进行，树盘内需浅挖、去除杂草。

4. 树下覆盖

对零星和四旁种植的核桃树，在树冠下用草类、秸秆等易降解材料覆盖，厚度 5cm 左右，也可用地膜覆盖，以不露地面为宜。覆盖范围最好以树体冠影为准。覆盖后能保持土壤湿度，夏、秋防止杂草丛生，同时覆盖物(除薄膜外)腐烂后翻入土壤中，可增加有机质、改善土壤结构、提高土壤肥力。

5. 其他管理措施

灌溉、排涝、中耕除草、树干涂白等管理同核桃幼树。

 二、早实核桃园结果期管理

早实核桃 8～10 年进入结果盛期，寿命在 50 年左右，易早衰。早实核桃具有早实、早熟、丰产、分枝力强、果枝率高、坐果率高(50%以上)、树体矮化、树冠紧凑、主根较浅、侧根根系分布范围小而浅等特点。鉴于以上特性，早实核桃宜密植栽培，每亩 20～30 株[株行距(4m×5m)～(5m×6m)]，管理与晚实核桃园相比更为精细。

(一)树体管理

早实核桃的树形可培育成开心形或疏散分层形。早实核桃进入结果盛期后，树冠扩大趋势明显减弱，二次抽生的枝条减少，结果枝弱和枯死的现象明显，徒长枝发生率也减弱。结合树势的生长情况，修剪应做到以下几点。

1. 疏除细小弱枝

早实核桃抽发侧枝多且侧枝结果枝率较高，为确保养分集中到结果枝上，减少无用枝的消耗，应把生长细弱、粗度不足 0.3cm、长度不到 5cm 的弱枝条疏除。

2. 疏除无用枝条

剪除过多雄花弱枝，内膛过密小枝，重叠、交叉、平行的病虫枝和枯枝等，以减少不必要的营养消耗，使树冠通风透光。

3. 培养结果枝及结果枝组

当结果母枝或结果枝出现衰弱或枯萎时，应回缩强壮枝条促进萌发徒长枝，再利用徒长枝回缩培养结果枝和结果枝组。

4. 控制结果部位迅速外移

为保持树冠平衡、有序、紧凑，对树冠外围生长过旺盛的二次枝进行短截或疏除。

5. 疏除雄花(枝)

结合修剪，适量疏除过多的雄花芽和雄花枝，以减少树体养分和水分的消耗。因盛果期的核桃树雄花芽及雄花枝较多，雄花芽的生长发育(萌发、生长、成熟、散粉)需要大量养分、水分，势必影响到树体的生长发育。结合修剪提早疏除过多的雄花芽和雄花枝，有利于树体的营养积累，提高当年产量和质量。

另外，在每年的秋末冬初进行核桃树干涂白，以防止病虫害入侵影响核桃树生长、开花结果。

(二)土壤管理

1. 园地深翻

实行间作的早实核桃园，原则上是结合间作作物的土壤管理一起进行(一般一年深翻2次)。每次土壤深翻后，对以核桃树干为中心2m左右的范围进行细致的整地浅翻，可用人工挖弥补深翻后未耕耘的地方，做到树冠下地块的全面耕作。

对零星分散和四旁种植的早实核桃树，在每年秋末冬初，结合施基肥进行深翻。沿着须根分布区的边缘向外扩展50cm、深度50cm左右，挖成半圆或圆形，将基肥埋入深沟内，将地表土放在下面，底土放在上面，使根系不断向外扩展，增加养分的吸收面积。

2. 增施肥料

盛果期的早实核桃树，养分需求随着产量的逐年增加而增加，应相应增施基肥和追肥。

(1)施足基肥　实行间作的早实核桃园，在间作作物施基肥时，根据间作作物的施肥量增加20%～30%，并注意施肥时在核桃树冠范围内适当增施；零星种植及四旁种植的早实核桃树，在每年秋末冬初结合土壤深翻，每株施有机肥(厩肥)50kg，随树体生长每年增加10%。

(2)施追肥　每年追施速效肥料三次，第一次在2月初，树液流动、已萌发未开花前，每平方米冠影面积施100g，氮、磷、钾比例为3∶1∶1；第二次追肥在5月中旬幼果快速生长发育期，每平方米冠影面积施120g，氮、磷、钾比例2∶1∶1；第三次追肥在7月上旬果实硬核期，每平方米冠影面积施120g，氮、磷、钾比例为1∶1∶1。

根据需要可增施中量元素肥料钙肥、镁肥、硫肥及微量元素肥料锌肥、硼肥、锰肥、钼肥及铁肥。

3. 灌溉

在云南旱季(12 月至翌年 5 月),进行三次灌溉:第一次在 1 月下旬,核桃树开始萌动时灌水;第二次在 2 月下旬至 3 月上旬,核桃树萌发、抽梢、展叶、开花时,促花成果灌水一次;第三次在 4 月上旬至 5 月中旬,核桃幼果生长发育期灌水一次,以促果保果。

间作、排涝、中耕除草、树干涂白及树盘覆盖等管理措施可参照晚实核桃。

第三节　老树更新

根据初步估计,云南有老核桃树 25 万～30 万株,零星分散在各地。在云南香格里拉市五境乡金沙江边,有一株 150 多年的泡核桃树,树高 50m 有余,干径约 1.5m,占地面积约 1.5 亩,年产核桃干果 70 000 个左右(约 600kg),树势生长较旺,真是上百年的"摇钱树"。

核桃树寿命与立地条件、管理水平和遗传基因息息相关,它的衰老表现为主干腐朽空洞、枝干枯死、产量减少、大小年特别明显、树势极度衰弱。为了能恢复和保持一定的结果能力、物尽其用,以延长核桃树的经济寿命,需要对衰老树进行有计划的更新复壮。无论是晚实核桃还是早实核桃,经更新后 3～5 年即可形成新的树冠,恢复一定的结果能力,随着时间的推移,产量和效益也会逐年上升。

 一、主干更新

此方法视老树主干的腐烂、空心状况而定。如老树主干过于腐烂、空心太大,主侧枝多数已干枯,没有生命力就无须更新;主干腐烂不严重、空心也不大,主侧枝多数已干枯,则选择适当部位,将主枝全部锯掉让其重新发枝,并选留不同方向的 3 或 4 枝作主枝,以培养成三或四大主枝开心形树冠。

 二、主枝更新

此方法针对主干上无腐烂、不空心,只是主干上的主侧枝大部干枯、不能结果的衰老树。这种情况下,选留 3 或 4 个健壮的主枝,锯除 50cm 以上部分及其余枝条。促使选留主枝锯口附近发出新枝,然后在每个主枝上选留不同方向的 2 或 3 个健壮侧枝,形成一级侧枝。经培养,很快会形成树冠,而且产量逐年增加。

 三、侧枝更新

此法针对主干、主枝较好,只是一些侧枝干枯、萎缩,有较多病虫枝、树势衰弱的情况。这样的老树更新应首先剪除病虫枝，然后对干枯萎缩的侧枝进行重剪，以促进下部或基部萌发出新枝，代替原来的侧枝。结合更新应清理掉树冠上的全部枯枝，树冠偏斜的应回缩端正。

 四、更新时间及更新后管理

更新时间为每年核桃休眠后的冬季。更新时应对主干、主枝及侧枝的伤口用油漆或伤口涂抹剂进行涂抹，防止水分蒸发。同时对老树主干、主枝上有腐烂、洞穴的部位，刮洗后用水泥砂浆糊平，以防止继续扩大。更新后的老核桃树应加强树体和土壤管理，具体措施与结果期核桃树相同。

第四节 核桃低产园改造

长期以来，云南的核桃种植面积大，但产量低、丰歉不稳，同时还有一定数量的适龄树不能正常挂果，这是云南核桃生产上亟待解决的问题。

云南大规模形成低产核桃园的时期主要有两个：一是在 1970 年以前，曲靖、丽江、昭通、红河、文山、迪庆及怒江等州(市)，采用泡核桃实生繁殖进行栽培，由于泡核桃实生繁殖后的植株变异性大，植株中泡核桃、夹绵核桃及铁核桃类型各占 1/3 左右，大量核桃种植园品种良莠不齐、产量低、品质差，后经高接换优后大部已改造成良种园。二是 1995～2017 年的 20 余年间，是云南史无前例的核桃大发展时期，从 1995 年核桃面积 327.9 万亩、产量 5.14 万吨、产值4.28 亿元，发展到 2017 年核桃面积达 4300 万亩、产量 116 万吨、产值实现 318亿元。但是良种苗木的供应跟不上产业的快速发展，加之栽培管理粗放、种植密度不合理、立地条件选择不当等原因，形成了部分核桃低产园(图 7-10)。

图 7-10 粗放管理

目前，云南存在着大面积核桃幼林(1～15 年)，未结果或少结果、效益慢；盛果期(16～100 年以上)的核桃园单产低，质量参差不齐。现全省核桃平均亩产不足 100kg，根据林业行业标准 LY/T 3004.7－2018《核桃标准综合体 第 7 部

分 核桃坚果丰产指标》，在缓坡和丘陵地，树龄在 5 年的早实核桃丰产指标为 30kg/亩，8 年为 100kg/亩，10 年以上应大于 160kg/亩；晚实核桃 6～8 年丰产指标为 30kg/亩，16～17 年为 110kg/亩，>21 年为 160kg/亩。现美国核桃平均亩产约 260kg，可见云南核桃平均亩产与国家标准和国外还有较大差距。经初步调查，云南目前至少有 400 多万亩的核桃低产园。因此，必须找出其低产的根本原因，进行有效的改造，才能使云南核桃的单产、品质及产值得到大幅度提高，使农户增收，真正做大做强云南核桃产业。

现将云南核桃低产园主要类型、成因及改造技术分述如下。

一、云南核桃低产园主要类型与成因分析

（一）管理粗放型核桃低产园

人们常说一切作物"三分栽七分管"才能获得收益。核桃也不例外，因此要获得丰产、优质、高效，一定要加强管理。在核桃栽培过程中有少数地方"重栽轻管"现象严重，缺少种植管理的经验、不懂管理技术、缺乏劳力和资金，不注重种植后的管理，任其自然生长，导致核桃成活率低、生长不良、结果差，形成低产低效林。

1. 土壤管理粗放

目前核桃树多数仍处于放任生长状态，没有根据核桃生长发育特性和对生态条件的要求进行科学管理，只靠自然地力生长，树体营养亏缺长期得不到补充。有部分种植农户进行了管理，但也十分粗放，缺乏必要的土肥水管理措施，使树势衰弱、产量低而不稳，大小年结果现象严重。

2. 树体管理粗放

目前成龄的核桃树形大都是自然圆头形，树体高大、树形紊乱。虽然树冠较大，但外密内空，通风透光性差，有效结果体积小。在传统的树体管理中，很少采取有计划的修剪措施，任其自然更新，造成结果部位外移，结果表面化，产量难以提高，这是核桃产量低、品质差的主要原因之一。

3. 花果管理技术缺乏

实践证明，严格的花果管理技术是确保果树优质、高产、稳产的重要技术措施。据调查，在目前核桃栽培中，基本没有采用任何花果管理技术措施，而是任其自然结果。这样势必会引起结果不稳定，影响果实产量和品质，甚至还会导致树势过早衰弱，缩短经济结果寿命。因此，为进一步提高核桃产量，做到有计划的商品性生产，必须重视对花果的管理。

很多情况下，一株 20 年生的核桃盛果期大树有较多雄花，结果却较少。据研

究，雄花数量只要占现有数量的 5% 就足以授粉，其余 95% 的雄花只会消耗树体养分，影响结果，所以应及时疏除。

(二)品种混杂、良莠不齐的核桃低产园

云南部分老产区的核桃为实生核桃，后代分化严重、退化明显，个体间差异大，良莠不齐。20 世纪 90 年代至今，云南大规模发展核桃产业。但在规模化发展的前期，由于尚未做好发展规划，同时良种嫁接苗和良种接穗准备不充分，盲目扩大栽培面积使大量不合规格种苗应用到生产中，造成了大面积品种混杂、良莠不齐的核桃低产园。

(三)种植园地选择不当造成的低产园

"八五"期间云南省委省政府提出了云南发展以核桃为主的经济林，开展核桃商品基地建设的计划，通过三期核桃商品基地建设，云南的核桃得以规模化发展。当时一些地方片面追求种植面积，忽视了"适地适树"的原则，致使很大一部分核桃树栽培在生态气候环境不适宜、立地条件差的地方。核桃树的生长受到抑制，生长不良，形成"小老头树"、弱树甚至死亡的现象，即使生存树体其结果能力也很低下。

(四)种植密度过大的核桃低产园

任何经济林木树种，根据它的生物学特性，都有一个合理的种植密度。作为以经济效益为目标的核桃园，也需要有一个合理的种植密度。根据云南核桃多年来的种植经验，晚实良种核桃('漾濞泡核桃''大姚三台核桃''华宁大沙壳核桃'等)一般株行距 8m×8m，每亩 8～10 株；早实杂交新品种核桃('云南高原''云新云林''云新 301 号'等)一般株行距 5m×6m，每亩 20 株左右比较合理。但规模化发展初期，由于对核桃生物学特性了解不够，部分核桃园每亩栽培 20～35 株(株行在 5m×6m 或 4m×5m)，造成 5～10 年生果园郁闭，出现阳光不足、通风透气不良、树体不结果或结果少的问题，园地间作困难，形成树上效益少、树下无收获的核桃低产园。

另外，还有品种混杂、种植密度过大等双方面原因造成的核桃低产园。此类低产园出现的原因，主要是种植时对苗木把关不严，良种率低，同时采用不科学的种植株行距，此类园地改造较为困难。

 ## 二、核桃低产园改造技术

(一)重栽轻管的核桃低产园改造方法

1. 土壤管理粗放型核桃低产园改造方法

(1)集中培训，提高认识　　提高各级领导及群众对核桃管理的意识，贯彻

"三分栽七分管"的栽培原则，大力宣传核桃管理的重要性、必要性，加强技术推广和技术辅导，举办多层次技术培训班。成立核桃栽培管理技术推广辅导队伍和核桃技术工作组，设立技术辅导员。组织一批从事此项工作的人员进村入户，面对面、手把手进行精准的科技辅导，及时解决各种实际问题。

(2)修台地或扩大种植塘　　有些低产园是由坡陡、石砾含量高、土壤贫瘠、水土流失严重，同时管理粗放造成的。对此类低产园地，若经济发展潜力大，务必采用因地制宜修台地(宽 2~3m)，或挖撩壕扩大种植塘、打保埂等进行改土工程，改善立地条件(图 7-11)。

图 7-11　打保埂

(3)深翻园地，熟化土壤　　无论是利用耕地还是非耕地种植的核桃园，每年必须深翻园地 2 次，深度 30cm 左右，一般在秋末冬初一次和春夏之交一次。实行间作的可结合间作作物管理一起进行，通过土壤深翻、施基肥、种绿肥实现土壤熟化，从而提高土壤肥力，来改变核桃低产现状(图 7-12)。

图 7-12　深翻熟化

(4)适时施基肥、追肥　　施肥可直接或间接为核桃提供必需的营养，是提高产量和质量的重要措施。施基肥在核桃采收后秋末冬初结合深翻园地进行，施基肥以有机肥为主，化肥与钙混合施用。在核桃采收后，土壤湿度较大时，将有机农家肥按每亩 3000～5000kg、普钙 200kg 均匀撒入地内，然后深翻园地，深度达 30cm 左右，并将土块耙细后，间作豌豆、小麦及其他矮秆农作物或药材。施基肥能提高土壤的有机质含量，促进土壤疏松透气，有利于土壤中的微生物活动，熟化土壤，提高土壤肥力并保持土壤肥效。

另外，为保证核桃生长发育各个时期的营养需求，除施基肥外，在核桃生长旺盛期 6～7 月，还必须施追肥。追肥主要用尿素或复合肥，晚实品种的云南核桃 1～15 年生，每株施 0.1～1.0kg；16～40 年生，每株施 1.5～5.0kg。施肥方法采用沟施、穴施、环状施及辐射状沟施等。实行果粮、果药间作的可结合间作作物施肥一起进行。

(5)核桃园内实行间作，实现双丰收　　间作作物首先考虑适宜当地生态环境、能生长、出效益的作物，另外应结合市场需要间种。目前核桃园内的间作作物有玉米、豆类、菜类、烟草、花生、小麦、瓜类、茶叶及中草药等。一般分小春(春季)及大春(夏季)，分别选择不同物种进行间作，实现树上树下双丰收。

(6)进行灌溉，促增产　　云南干湿季明显，干季春天正是核桃树萌芽、抽梢、展叶、开花的关键时期。在春季给核桃树灌水，增加土壤的含水量，使核桃树在生长发育时期有充足的水分，能促进核桃树生长发育，保花、保果、保丰产。漾濞、大姚等地在春季干旱时节进行核桃树灌水 2 或 3 次，产量比不灌水的增产 30%左右，所以在云南春旱时节对核桃园灌水十分必要(图 7-13)。

图 7-13　水窖
A. 长方形水窖；B. 圆形水窖

2. 树体管理粗放型核桃低产园改造方法

首先要认识到核桃是一种高大喜光的乔木树种，需要充足的阳光和通风透气的树形，才能正常生长发育、开花结果。核桃树体管理与土壤管理一样重要，特别在核桃幼树阶段，通过定干、整形、修剪，培育成 2～4 大主枝开心形的丰产稳产圆头状树冠，是保证核桃高产、稳产的关键。让每株核桃树充分利用向上的空间，展示出丰产、稳产的树形，具体做法如下。

(1)定干、整形　　核桃属于落叶干果，无论进行定干、整形，还是修剪，都要在落叶以后至萌动前进行(约在每年的 12 月至翌年的 1 月)，按其纬度和海拔的不同相应提前或延后。

(2)因树作形，改造低产园　　对于前期基本没有进行过定干、整形的核桃园(3～20 年)，现已形成千姿百态的树冠，树下分枝过低、枝条垂于地上，不便管理和间作，树上枝条密不透风、相互遮阴、阳光不足，造成结果少或不结果。这样的低产园，就不能按照常规的定干、整形操作，必须因树作形。首先选好每一株树的主侧枝(2～4 枝)，剪除不规整的弱枝、弯扭枝和过密的侧枝等，形成侧枝明显的开心形树形，然后剪除树冠下部的下垂枝、弱枝，提高树冠高度到 2m 左右，以便管理间作。

(3)修剪促丰收　　核桃树的修剪主要分为幼树、盛果期及衰果期修剪。其中晚实核桃和早实核桃的修剪又有所不同。

1)晚实核桃修剪。幼树(5～20 年)修剪：在定干、整形的基础上，进一步培养树形，剪除树内外病虫枝、枯枝、弱枝、交叉枝、平行枝、下垂枝等，对树冠上部的徒长枝进行回缩，保持树冠协调生长、不偏冠。盛果期(21～80 年)核桃树修剪：此阶段树体已生长高大，修剪起来较困难，修剪主要结合核桃采收进行。每一棵树将核桃采摘后，紧接着就将树上的病虫枝、寄生枝、枯枝砍下。由于树冠庞大，对于难以修剪的枝条，主要靠自然整枝来更新换代。衰果期(100年左右)修剪：主要是复壮更新，对衰老核桃树上的病虫枝、枯死的主侧枝进行砍除，伤口应涂愈伤剂，让其重新萌发复壮。

2)早实核桃修剪。早实核桃树体较矮化，发枝力较强，结果早(2～3 年生)，树体消耗的营养多，所以在修剪上与晚实核桃有所不同。早实核桃的修剪仍分为幼树修剪、盛果期修剪和衰果期修剪三个阶段。幼树(3～10 年)修剪：此阶段在定干、整形的基础上仍以培养、壮大树冠为主，进行轻剪。剪除病虫枝、枯枝、弱枝、下垂枝、交叉枝、平行枝、辅助营养枝，回缩徒长枝使其树冠不断扩大。盛果期(11～50 年)修剪：此阶段的早实核桃产量高，果枝及雄花枝较多，主要通过中度修剪来调节分配养分，剪除树上病虫枝、枯枝、弱枝、下垂枝、交叉枝、平行枝、纤细的雄花枝，回缩粗壮的营养枝，培养结果枝组，使树冠成为大枝大而少、小枝多而小的丰产稳产树形。衰果期(51 年以上)修剪：此阶段的早实核桃结果量已开始下降，可通过中度修剪来实现延长或减缓衰老。剪除树上病虫枝、枯死的主侧枝、纤细枝、交叉枝、平行枝及细弱的雄花枝，短截回缩营养枝，培养新的结果枝组。

(二)品种混杂、良莠不齐的核桃低产园改造方法

1. 调查低产园内核桃优劣情况

在出现品种混杂、良莠不齐的核桃低产园中，要鉴别出核桃类型、品种及混杂程度。在核桃采收前 10～15 天采集果实进行鉴定，是泡核桃、夹绵核桃还是铁核桃，用不同颜色油漆做好标记。另外，也可在生长期根据核桃枝、叶、芽、果实的形态特征、颜色来区分品种和类型，但准确性较差。通过调查，标记好优劣单株后，下一步进行留优弃劣改造。

2. 选择良种，进行高接换优

1)选择适宜当地生长的核桃优良品种作为接穗，进行高接换优改造(图 7-14)。一定要坚持适地适良种的原则。

图 7-14　高接换优

A. 单株高接换优；B. 成片高接换优

2)高接换优嫁接方法：一般在每年的 1 月下旬至 3 月上旬进行，根据海拔和纬度的高低，不同地区嫁接时间有所不同。对已标记的品种不好的植株进行高接换优，接位的高低根据要改造植株的高矮粗细而定，杆径细的嫁接部位稍矮，干径粗的嫁接部位稍高，一般控制在 0.5～2m。选择树干平直的地方进行破头接(切接)或插皮接，根据树枝情况接一个头或多个头(2～4 个)，如果树较大，在接口上方留一拉水枝，在接口下方开一条伤流沟。嫁接后，可在接口部位采用蓄热保湿嫁接法进行包扎，促进伤口愈合并提高嫁接成活率。

3)高接换优后的管理：嫁接以后，要及时观察和抹除砧木上的萌发芽。当嫁接成活后接穗上的萌发芽生长至 50cm 左右时，应将新梢用支撑竹棍(或木棍)绑扎固定，并剪掉基部过多的叶片和小枝，防止新梢被风吹折断。如果枝条萌发太多，可适当剪除过密的纤细枝使其通风透光，同时加强树下的土壤管理。

(三)种植园地选择不当的低产核桃园改造方法

1. 气候不适宜, 所栽品种生长不良或根本不能生存

如果当地有适宜的优良品种, 可培育嫁接苗后重新栽培, 或选用当地良种接穗进行高接换种; 如果当地没有好品种, 需到气候条件与当地相同的地区引种, 首先需引进少量植株或接穗嫁接栽培观察其生长、开花、结果情况是否良好, 表现好即可进行规模化种植, 不好再重新选择。

2. 核桃种植园地立地条件选择不当

对于生态大环境适宜, 而种植的地块立地条件很差, 坡陡、土壤干燥、石砾含量太多等造成核桃生长不良、结果少或不结果的低产园, 可做如下改造。在每年的秋末冬初, 土壤较潮湿的时候进行改土, 坡度陡的进行修台地, 台地宽一般在 2~3m, 扩大种植塘; 坡度太陡的在种植塘的周边用石头打保埂, 保水保肥。然后结合施基肥(农家肥)进行深翻土地, 改良土壤。每亩施基肥(农家肥)3000~5000kg、普钙 200~300kg。在核桃生长旺盛期(6~7 月), 按树龄不同(5~20 年生)每株混施尿素 0.5~1.5kg 与复合肥 0.3~0.5kg。核桃园地必须间作农作物、药材、花卉等, 也可种绿肥做到以耕代抚、长短结合。在干旱季节(1~5 月)浇水 3~4 次, 进行保花保果, 促进丰产丰收。

(四)种植密度过大的核桃低产园改造方法

这类低产园按照不同品种的核桃生物学特性, 分为晚实核桃密园和早实核桃密园分别进行改造。

1. 晚实核桃密园改造方法

'漾濞泡核桃''大姚三台核桃''华宁大沙壳核桃'等品种树体高大, 为晚实核桃。在晚实核桃低产密园中存在两种情况, 一种是品种较纯的, 另一种是品种良莠不齐的, 它们的改造方法有所不同。

(1)优良品种纯度较高的晚实密园改造方法　几百年来, 云南核桃主产区的农户都知道, 晚实核桃种植的密度一般为每亩 8~10 株(株行距在 8m×8m 左右), 随着时间的推移, 核桃树不断长大, 也要与时俱进地进行调整, 要长久地保持树体阳光充足, 树间通风透气, 树下能间作作物, 实现树上树下持续发展, 效益最大化。

优良品种纯度较高的密园只需进行密度合理调整, 10 年生左右的晚实核桃园每亩保留 8 株左右即可(株行距约在 8m×8m)。在每年核桃树落叶后 12 月至翌年 1 月, 按株行距 8m×8m 进行调整移栽。对保留下来的植株必须在调整株行距

的当年进行整形、修剪，一步到位(整形、修剪参考前述方法进行)，对个别品种不良的单株，进行高接换优。

(2)品种良莠不齐的晚实密园改造方法　　此类密园改造首先要进行园内品种的调查，先了解品种纯度，分清园内各单株的优劣品种情况，再进行高接换优及株行距调整。

对尚未结果的在生长期或休眠期的幼树，根据不同类型、品种核桃的植物学特性，枝条、芽、叶形态特征、颜色进行鉴定；对已结果的晚实核桃密园，除鉴别枝、芽、叶形态特征外，更主要是在核桃采收时单株采果鉴定，分清是什么类型(泡核桃、夹绵核桃、铁核桃)、什么品种，是良种或是劣种，并在树干上做出标记，查清园内品种的优劣情况。并结合实际进行株行距调整，按照晚实核桃品种株行距(8m×8m)的要求进行留优弃劣，对已定位的劣质单株进行高接换优改造。最后改造成品种优良、株行距合理的优质核桃园。

(3)晚实核桃低产密园改造后管理　　为使植株尽快恢复树势生长，必须适时进行土地深翻、施基肥和追肥、灌水、松土除草，确保核桃生长所需的水分和养分。同时经营好园地内的间作作物。

对高接换优成活的植株要及时抹除砧木上的萌发芽以提高成活率，当接活的新梢生长达 40～50cm 时，应及时绑扎支撑杆，避免畜、风折断，同时适当剪除过多叶片及小枝以减轻主枝负担；也要适时进行整形修剪，培育成三或四大主枝开心形的树形。对未进行高接改造的良种植株应根据实际情况因树作形，培育出 2～4 个主枝开心形树冠，树冠到地面保持 2m 左右的距离，以便土壤管理和实行间作。

2. 早实核桃低产密园改造方法

早实核桃低产密园改造有两种情况，一种是良种纯度高，但密度较大的低产园；另一种是品种良莠不齐且密度大的低产园，下面分别介绍改造方法。

(1)良种纯度较高但种植密度较大的低产园改造方法　　早实核桃由于树体较矮化，只有同龄晚实核桃树体的 1/5～1/3，因此种植的株行距比晚实核桃小些，一般土地肥沃的株行距为 5m×6m，每亩 20 株；土地较贫瘠、肥力差，株行距为 4m×5m，每亩 30 株。大多早实核桃低产密园的株行距为 2m×3m 或 3m×4m，每亩株数在 55～110 株，种植 5 年后园内核桃树冠郁闭，导致阳光不足、通风透气不良、树形乱，核桃树结果少、品质差，树下土地难以管理耕种。

此类密园改造主要是调整出合理的株行距。在每年的秋末冬初，核桃树落叶后，按照每亩 20～30 株的株行距进行标记选留，然后将多余的单株移植或砍除，对选留的核桃植株进树体、土壤及间作等管理。

(2)品种良莠不齐且种植密度过大的低产园改造方法   这类园地主要改造的内容一是改造劣种、高接换优，二是调整出合理的株行距。

改造园内劣种，进行高接换种，首先要经过调查，了解园内核桃植株，哪株是良种，哪株是劣种，并做好标记，在秋冬季落叶后，结合株行距调整，按照早实核桃株行距要求，通过留优弃劣、劣株高接换优及优株移植，达到改造劣种，同时实现株行距的合理调整的目的。此类低产园改造后，要坚持园内的土壤管理和树体管理，才能实现持续的提质增效。

第八章 核桃主要病虫害防治

    及时有效的防治核桃病虫害，能保障核桃树的健康发育和生长，确保丰产稳产，提高核桃产品的质量，实现优质生产。对核桃病虫害的防治应贯彻"预防为主、综合防治"的方针。在整个栽培过程中，要勤于观察和发现，早防患早治疗。同时要加强栽培管理措施，促进树体健壮生长以提高抗病虫害能力。在防治上多采用农业技术措施，以人工、天敌及物理方法防治为主，少用化学药剂。必须采用化学药剂防治时，一定要慎重选择药剂，严格控制药量和用药的次数，避免大量杀伤天敌，造成环境和树体的污染。

第一节　主要病害及缺素症防控

由于云南自然条件复杂，核桃病害也多种多样，有根部、枝干、果实及叶片等病害 20 多种，现将主要病害介绍如下。

 一、主要病害

（一）核桃根腐病（白绢病）

核桃根腐病在云南各地均有不同程度的发生，危害核桃幼苗、幼树，使叶片发黄脱落，严重时甚至死亡。

1. 病害症状

夏季多雨，土壤潮湿板结，苗圃和园地排水不良，或地下水位过高，苗圃地、园地积水，根部窒息时易发病。生长势较弱的苗木，若在中耕除草时划伤根茎，也易染病。核桃苗木感病后，根部变黑腐烂。地上部叶片发黄，叶缘变黑，严重时苗木枯死。如遇高温高湿，苗木根茎基部、落叶表面及周围土壤就会出现白色绢丝状体，之后菌丝体上产生白色或褐色油菜籽状的颗粒物，即病原菌的小菌核，图 8-1 为根腐病在根部的症状。

图 8-1　根腐病

2. 发生规律

病菌以菌核在土壤中或以菌丝体在病根茎部越冬。当环境有利于病原菌生长时，菌核或菌丝体上长出新的营养菌丝，侵入苗木嫁接伤口或根茎处的伤口，使木质部及根茎部的皮层腐烂，后产生小菌核。菌丝体在土壤中蔓延，借雨水及流水传播。而小菌核则借苗木移栽和灌溉水等传播。一般情况下，发病初期从 5 月下旬开始，发病盛期为 6～8 月，基本停止期为 9～10 月。在土壤黏重、酸性土或之前曾耕种过蔬菜、粮食、油菜等的土地上育苗易发病，土壤过于潮湿、排水不良的苗圃和园地也易发病，这是由非侵染性因子引起的生理性根腐病。

3. 防治方法

1) 选择排水良好且地下水位低的圃地和园地，苗圃地同时还要避免连作，施腐熟后的基肥。

2) 种子消毒：播种前用甲醛溶液(1 份 40%甲醛加 80 份水)或 0.5%～1%硫酸铜溶液浸种。

3) 土壤处理：若土壤偏酸性，应调节酸度，可在翻耕前每亩撒 100～200kg 生石灰，以减少病害的发生。在发病初期，及时用生石灰粉撒于苗木根系部位可杀菌。

4) 苗圃田间管理：中耕除草时，避免划伤苗木根茎；及时排出积水，多雨地区采用高床育苗。

5) 幼苗生长衰弱时，扒开根部周围的土壤以检查根部，若发现小菌核或者是菌丝，应该用刮刀将根茎部的病斑刮除，后用 15%抗菌剂 401 液剂 50 倍液，或 1%硫酸铜溶液给伤口消毒，再在根部的土壤上洒甲基托布津 500～1000 倍液，或 65%敌克松 180～500 倍液。对于生理性根腐病的幼苗来说，排出积水，改善土壤通气条件可减弱病症。

6) 苗木出圃时，严格检查，淘汰病苗。对于不确定是否染病的苗木，将其根部置于 70%甲基托布津可湿性粉剂 500 倍液中浸泡 10 分钟后栽植。另外，在栽植时应注意将嫁接口露出土面，以防止病菌从嫁接口侵入。

(二)核桃黑斑病(细菌性)

核桃黑斑病又称核桃黑、黑腐病，是一种世界性病害。该病在云南各核桃产区均有不同程度的发生，在昆明、昭通、曲靖等地较先发现，主要危害核桃果实、叶片、嫩梢、芽和雌花序。果实受害后变黑、腐烂、早落，以致核桃仁干瘪、不饱满，含油率降低，甚至不能食用。

1. 病害症状

该病是由病原细菌所引起的。果实受害初期出现褐色油浸状微隆起的小斑点，后病斑逐渐扩大下陷，变黑，外缘有水渍状晕圈，严重时核壳、核仁均变黑腐烂，病果早落。老果受害时病斑只限于外果皮。病发时，病斑中央下陷、龟裂并变为灰白色，果实略现畸形。幼果发病时，内果皮尚未硬化，病菌向果内扩展可达核仁，导致全果变黑，早期脱落；果实长到中等大小时，内果皮硬化，病菌仅侵染外果皮，发病仅局限在外果皮，但核仁生长也受影响，成熟后核仁呈不同程度干瘪状，为害较轻。

受害叶片正面病斑最先沿叶脉出现褐色至黑色小斑点，后扩大成近圆形或多角形黑褐色病斑，背面病斑淡褐色，油状发亮。病斑外缘呈半透明黄色晕圈，多呈水渍状。后期病斑相连成片，中央呈灰色或穿孔状，严重时整个叶片发黑，变脆，残缺不全。叶柄、嫩梢上的病斑呈圆形或不规则形，黑褐色，稍凹陷，若病斑扩展枝条一周，则造成枯梢落叶。若花序感病，先产生黑色水渍状斑，不展开，后花轴变黑，并弯曲导致早落。其症状如图 8-2 所示。

图 8-2　核桃黑斑病

2. 发病规律

细菌在病枝、病叶、芽鳞和残留病果等组织内越冬。翌年春季借雨水或昆虫等传播到叶片和果实上，从伤口、气孔、皮孔或柱头侵入引起初次侵染，发病后，又可进行多次再侵染。该病发病早晚及程度与雨水关系密切，在多雨年份和季节，发病早且严重。核桃在展叶期和开花期易感病，病菌借雨水和昆虫活动进行传播，从气孔或昆虫、日灼、冰雹等造成的伤口侵入，首先侵染幼嫩叶片和花粉，再由花粉和叶片传播到枝条及果实上。害虫危害多的植株或地区发病较重。病害程度，一般新疆核桃重于云南核桃，老树重于中、幼龄树，弱树重于健壮树，虫害多的植株重于虫害少的植株。

3. 防治方法

1) 选育抗病虫害的优良树种。

2) 加强树体的田间栽培管理，保持园内通风透光，砍去垂下地面枝条，减轻潮湿和互相感病，增强核桃的抗病能力。

3) 采果后结合修剪，清除留在树上的病残果、落叶、病虫枝等，并集中烧毁，以减少初次侵染源。

4) 及时防治核桃蚜虫、举肢蛾等害虫,以减少伤口和传播媒介。

5) 发芽前喷 3～5°Bé 石硫合剂。生长期喷 1～3 次蓝矾∶石灰∶水=1∶0.5∶200 的波尔多液,雌花开花前或开花后及幼果期各喷一次 50%甲基托布津或退菌特可湿性粉剂 500～800 倍液,喷 0.4%草酸铜效果也较好,且不易发生药害。或每半月喷一次 50μg/g 链霉素加 2%的硫酸铜也可取得良好的效果。

(三)核桃溃疡病(真菌性)

核桃溃疡病又称墨汁病,是核桃树干上的一种常见真菌性病害,在核桃生产中危害较大,是一种重要病害。主要危害幼树主干、嫩枝和果实。造成提早落果,降低果实品质和产量。在云南各核桃产区普遍发生,严重影响果树的生长发育和经济效益。

1. 病害症状

受害树干初期病部呈黑褐色的圆形病斑,随着病情的发展,逐渐扩展,呈梭形或长条形病斑。在皮层上形成水泡状,破裂后流出淡黄色黏液,遇到空气后变为铁锈色。后期病部干缩下陷,中央纵裂,病部产生分生孢子器,形成许多小黑点。受害果实的果面上形成褐色的近圆形病斑,发生较严重时会导致果实干缩、腐烂、早落,表面产生许多褐色到黑色粒状物,称为病菌子实体。其症状如图 8-3 所示。

2. 发病规律

核桃溃疡病病菌以菌丝的形式在病组织内越冬。在翌年春天气温和湿度适宜的情况下产生分生孢子,并随风雨传播。从枝干皮孔或伤口侵入。侵入后如果条件不适宜,就在树体内潜伏下来,一旦条件适合(湿热、不透光、不通风)就会发病,形成新的溃疡病斑。该病的发生与温度、降水量和大风等因子有密切关系。该病菌是一种弱寄生菌,当树木长势较弱或受到冻害、日灼等伤害时易被感染。不同品种或类型对该病的抗性不同。果园土壤贫瘠、管理粗放、树势较弱的果园发生较严重。北方核桃易发生此病,南方核桃较少发生。

图 8-3　核桃溃疡病

3. 防治方法

1)因地制宜地选育抗病良种。

2)加强果园管理,增施腐熟有机肥,合理灌溉,增强树势,提高树体抗病力。科学修剪，剪除病残枝及茂密枝，调节通风透光，注意果园排水，保持果园适当的温湿度。结合修剪，清理果园，减少病源。

3）进行树干涂白（涂白剂配方为生石灰 5kg、食盐 2kg、油 0.1kg、豆面 0.1kg、水 20kg），防止日灼和冻伤，减少病原体入侵途径。

4）用刀刮除枝干病斑，深达木质部，或用小刀在病斑上纵横划道，然后涂 3°Bé 石硫合剂、1%硫酸铜溶液、10%碱水、蓝矾∶石灰∶水=1∶3∶15 的波尔多液或多菌灵均有一定的防治效果。

（四）核桃炭疽病（真菌性）

核桃炭疽病在云南各地均有不同程度的发生，是一种真菌性病害。一般果实受害率达 20%～40%，严重年份可高达 95%以上，引起果实早落，核仁干瘪，大大降低了产量和质量。

1. 病害症状

核桃炭疽病主要危害果实、叶片、芽和嫩梢。果实上病斑初期为褐色，后为黑褐色，圆形或近圆形，中央凹陷，病斑上有黑色小点，有时呈同心轮纹状排列。湿度大时，病斑小黑点处出现黏性粉红色孢子团，即病菌分生孢子盘和分生孢子。发病轻时，核壳或核仁的外皮部分变黑，降低出油率和核仁产量，或果实成熟时病斑局限在外果皮，对核桃影响不大。严重时，病果上常有多个病斑，病斑扩大连片致全果变黑、腐烂，达内果皮，失去食用价值。叶片感病后病斑不规则，有的沿叶边缘 1cm 处枯黄，向上卷起，或在主侧脉之间呈长条形枯斑或圆形褐斑，严重时全叶枯黄脱落。芽、嫩梢、叶柄、果柄感病后，出现不规则或长形下陷的黑褐色病斑，常从顶端向下枯萎，造成芽梢枯干，叶、果脱落。核桃炭疽病对果实及叶片的危害如图 8-4 所示。

图 8-4　核桃炭疽病

A. 核桃果实危害；B. 核桃叶片危害

2. 发病规律

核桃炭疽病由真菌胶孢炭疽菌所致。病菌以菌丝体或分生孢子在病枝、病叶、叶痕、病果及芽鳞中越冬，成为翌年初次侵染源。病菌分生孢子借风、雨、昆虫等传播，从伤口、虫伤孔、自然孔口等处侵入，潜育期 4~9 天，发病后产生的分生孢子团，又可进行多次再侵染。发病的早晚及轻重与高温高湿关系密切，雨水早而多，湿度大，温度高，发病就早且重。植株行距小、通风透光不良，发病重。发病严重程度与品种也有很大关系，早实薄壳核桃易发病，晚实核桃抗病。

3. 防治方法

1) 选择对该病抗性强的品种。

2) 合理控制密度，加强抚育管理，改善园内和冠内通风透光条件，有利于控制病害。

3) 及时清理果园，摘除病果，采收后结合修剪，清除病枝、病果、病叶，集中烧毁，减少初次侵染源。

4) 一般在发芽前喷 3~5°Bé 石硫合剂，6~7 月及时摘除病果，并喷洒 2 或 3 次蓝矾：石灰：水=1：2：200 的波尔多液。发病初期可喷洒 75%百菌清可湿性粉剂 500 倍液、50%多菌灵可湿性粉剂 800 倍液、50%托布津可湿性粉剂 500 倍液、70%代森孟锌可湿性粉剂 500~600 倍液、50%炭疽福美可湿性粉剂 600~700 倍液。发病重的果园，可喷 40%退菌特可湿性粉剂 800 倍液，并与蓝矾：石灰：水=1：2：200 的波尔多液交替使用。使用以上药剂时(除波尔多液外)，加 0.03%皮胶作黏着剂可显著提高药效。

(五)核桃膏药病(真菌性)

核桃膏药病是云南临沧等湿热核桃产区的一种常见于树干和枝条上的病害，轻者枝干生长不良，重者死亡。

1. 病害症状

核桃枝干上或枝权处会产生一团平贴的椭圆形或圆形厚膜状菌体，紫褐色，边缘白色，后变为鼠灰色，形似膏药，即病原菌的担子果。其症状如图 8-5 所示。

2. 发病规律

病原菌与蚧壳虫共生，菌体以蚧壳虫的分泌物作为养料，蚧壳虫则借菌膜覆盖得以保护。病原菌的菌丝体在枝干表面生长发育，逐渐扩大形成膏药状薄膜。菌丝也能侵入寄主皮层吸收营养。担孢子通过蚧壳虫的爬行进行传播蔓延，以菌膜在树干上越冬。土壤黏重、排水不良或林内阴湿、通风透光不良等都易发病。

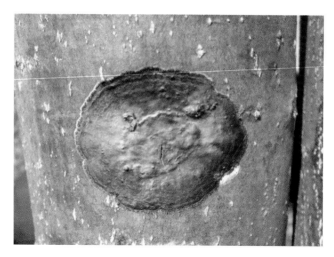

图 8-5　核桃膏药病

3．防治方法

1）防治蚧壳虫。使用松脂合剂，冬季每 500g 原液加水 4～5L，春季加水 5～6L，夏季加水 6～12L 喷洒枝干，防治若虫。

2）加强管理。结合修剪除去病枝，或刮除树干上病菌的实体和菌膜。并喷洒蓝矾：石灰：水=1：1：100 的波尔多液或 20%石灰乳。

（六）核桃腐烂病（真菌病）

核桃腐烂病又名黑水病，属于真菌性病害。在云南多个核桃产区均有不同程度的发生。主要危害枝干和树皮，导致枝枯和结实能力下降，甚至全株死亡。

1．病害症状

核桃腐烂病主要危害枝干树皮，因树龄和感病部位不同，其病害症状也不同，大树主干感病后，病斑初期隐藏在皮层内，俗称"湿囊皮"。有时多个病斑连片成大的斑块，周围聚集大量白色菌丝体，从皮层内溢出黑色粉液。发病后期，病斑可扩展到长达 20～30cm。树皮纵裂，沿树皮裂缝流出黑水（故称黑水病），干后发亮，好似刷了一层黑漆。幼树主干和侧枝受害后，病斑初期近于梭形，呈暗灰色，水浸状，微肿起，用手指按压病部，流出带泡沫的液体，有酒糟气味。病斑上散生许多黑色小点，即病菌的分生孢子器。当空气湿度大时，从小黑点内涌出橘红色胶质丝状物，为病菌的分生孢子角。病斑沿树干纵横方向发展，后期病斑皮层纵向开裂，流出大量黑水，当病斑环绕树干一周时，导致幼树侧枝或全株枯死。枝条受害主要发生在营养枝或 2～3 年生的侧枝上，感病部位逐渐失去绿色，皮层与木质部剥离并迅速失水，使整枝干枯，病斑上散生黑色小点的分生孢子器。其症状如图 8-6 所示。

2. 发病规律

核桃腐烂病是真菌侵染所致，病菌以菌丝体或子座及分生孢子器在病部越冬。翌春核桃树液流动后，遇有适宜发病条件，产出分生孢子，分生孢子通过风雨或昆虫传播，从嫁接口、伤口等处侵入，病害发生后逐渐扩展蔓延危害。生长期可发生多次侵染。春秋两季为发病高峰期，特别是在4月中旬至5月下旬为害最重。一般管理粗放、土层瘠薄、排水不良、肥水不足、树势衰弱或遭受冻害的核桃树易感染此病。核桃腐烂病在同一株上的发病部位以枝干分叉处、剪锯口和其他伤口处较多，同一园中结果核桃树比不结果核桃树发病多，老龄树比幼龄树发病多，弱树比壮树发病多。核桃进

图 8-6　核桃腐烂病

入结果期后，如栽培管理不当，缺肥少水，挂果量太多，树势衰弱，腐烂病就易发生，严重的造成枝条枯死，结果能力下降，甚至引起整株死亡。

3. 防治方法

1)加强核桃园的综合管理，对于土壤结构不良、土壤瘠薄的果园，应先改良土壤并增施有机肥料，以提高树体的营养水平。并进行合理的修剪，以增强树势，提高抗病力。

2)采收核桃后，结合修剪，剪除病虫枝，刮除病皮，并集中烧毁，减少病菌侵染源。

3)冬季刮净腐烂病疤，然后树干涂白，预防冻害、虫害引起腐烂发生。病疤要刮成菱形，刮口应光滑、平整。刮下的病屑应及时收集烧毁，避免人为传染。刮后用50%甲基托布津可湿性粉剂20~40倍液，或5~10°Bé石硫合剂(也可用石硫合剂渣)，或用40%的福美砷可湿性粉剂50倍液，或可涂抹腐必治或灭菌灵加过氧乙酸稀释50倍。用纱布、废旧布浸药后进行包扎，外面用塑料薄膜密封，保持药效。

4)适当修剪，秋季落叶前树冠密闭的部分疏除大枝，生长期间疏除下垂枝、老弱枝，以恢复树势，并对剪锯口用1%的硫酸铜消毒。适期采收，尽量避免用棍棒击伤树皮。

(七)核桃褐斑病(真菌病)

核桃褐斑病属于真菌病害，云南各核桃产区均有不同程度的发生。该病危害叶片、嫩梢和果实，引起早期落叶和枯梢，影响树势和产量。

1. 病害症状

叶片感病后先在叶片上出现近圆形或不规则形病斑，病斑上有略成同心轮纹排列的小黑点。中间灰褐色，边缘暗黄绿色至紫褐色，有时外围有黄色晕圈，中央灰褐色部分有时形成穿孔，严重时病斑互相连接融合在一起，形成大片焦枯死亡区，周围常带黄色至金黄色。病叶容易早期脱落。有时叶柄上也出现病斑。嫩梢发病，出现长椭圆形或不规则形稍凹陷黑褐色病斑，边缘淡褐色，病斑中间常有纵向裂纹。严重时病斑包围枝条使上部枯死。果实受害时表皮初现小而稍隆起的褐色软斑，后迅速扩大并渐凹陷变黑，外围有水渍状晕纹，严重时果实变黑腐烂。老果受侵只达外果皮。嫩苗上呈椭圆形或不规则形病斑，一年多次侵染。核桃褐斑病症状如图 8-7 所示。

图 8-7　核桃褐斑病

2. 发病规律

病原菌以分生孢子在病叶或病枝上越冬。翌年春季从伤口或皮孔侵入叶片、枝条或幼果。越冬后的病叶和枝梢，在适宜温湿度条件下仍能产生孢子，随风雨传播。晚春初夏多雨时发病重。多雨年份或雨后高温、高湿时，发病迅速，造成苗木大量枯梢。

3. 防治方法

1）加强核桃栽培的综合管理，增强树势，提高抗病力。特别要重视改良土壤，增施肥料，改善通风透光条件。

2）及时清除病叶和结合修剪除去病梢，深埋或烧毁。

3）开花前后和 6 月中旬各喷一次蓝矾∶石灰∶水=1∶2∶200 的波尔多液或 50%甲基托布津或退菌特可湿性粉剂 500～800 倍液。

(八)核桃白粉病(真菌病)

核桃白粉病属真菌性病害,在云南各核桃产区均有发生。主要危害核桃树的叶片、幼芽和新梢,引起早期落叶甚至苗木死亡。在干旱年份或季节,发病率高。

1. 病害症状

最明显的症状是叶片正反两面均形成薄片状白粉层,秋季在白粉层中生出褐色至黑色小颗粒。发病初期叶片褪绿或造成黄斑,严重时叶片扭曲皱缩,提早脱落,影响树体正常生长。幼芽萌发而不能展叶,在叶片的正面或反面出现圆片状白粉层,后期在白粉层中产生褐色或黑色粒点。幼苗受害后,植株矮小,顶端枯死,甚至全株死亡。核桃白粉病症状如图8-8所示。

图 8-8 核桃白粉病

2. 发病规律

病菌在脱落的病叶上越冬。翌春遇雨放射出子囊孢子,侵染发病后病斑产生大量分生孢子,借气流传播,从气孔进行多次再侵染。温暖而干旱,氮肥多,钾肥少,枝条生长不充实时易发病。幼树比大树易受害。

3. 防治方法

1)秋末清除病落叶、病枝,集中销毁,以减少初次侵染源。

2)加强管理,合理灌水施肥,控制氮肥用量,增强树体抗性。

3)发病初期喷 0.2～0.3°Bé 石硫合剂,或 70%甲基托布津可湿性粉剂 800 倍液。

(九)核桃枝枯病(真菌病)

核桃枝枯病是由真菌侵染引起的,主要危害枝干。云南各核桃产区都有发生。主要危害核桃枝条和较大枝干，引起枝干干枯，影响树体发育和核桃产量品质。因而，要及时防治，控制病情，促进树体发育，提高产量和品质，增加效益。

1. 病害症状

主要危害枝条，尤其是1~2年生枝条易受害，造成枯枝和枯干，严重时造成大量枝条枯死，产量下降。枝条染病先侵入顶梢嫩枝，后向下蔓延至枝条和主干。枝条皮层初呈暗灰褐色，后变成浅红褐色或深灰色，并在病部形成很多黑色小粒点，即病原菌分生孢子盘。染病枝条上的叶片逐渐变黄后脱落，枝条枯死。湿度大时，从分生孢子盘上涌出大量黑色短柱状分生孢子，如遇湿度增大则形成长圆形黑色孢子团块，内含大量孢子。其症状如图8-9所示。

图 8-9　核桃枝枯病

2. 发病规律

病原菌主要以分生孢子盘或菌丝体在枝条、病干部越冬。翌年条件合适时分生孢子借风雨传播，通过枝条上的各种伤口进行初次侵染，发病后又产生孢子进行再次侵染。病菌是一种弱寄生菌，生长衰弱的核桃树或枝条易染病，春旱或遭冻害年份发病重。核桃树栽植过密、通风透光不良，发病也重。

3. 防治方法

1）清除病株、枯死枝条，集中烧毁，减少发病来源。

2）改善通风透光条件，加强管理，增强树势，提高抗病力。

3）加强防冻、防旱、防虫等工作，减少核桃树的各种伤口，冬季进行树干涂白。

4）幼树防寒，春季防旱，防止抽条。

5）刮除病斑，若发现主干上有病斑，可用刮刀刮除病部，并用 1%硫酸铜溶液消毒伤口，外涂治愈膏等伤口保护剂。

6）药剂防治。发芽前可喷 3°Bé 石硫合剂，或 40%福美砷可湿性粉剂 100 倍液。生长期内喷蓝矾：石灰：水=1：2：200 的波尔多液；或 50%退菌特可湿性粉剂 1000 倍液，半个月后酌情再喷一次。在 6～8 月选用 70%甲基托布津可湿性粉剂 800～1000 倍液或 400～500 倍代森锰锌可湿性粉剂喷雾防治，每隔 10 天喷一次，连喷 3 或 4 次可收到明显的防治效果。同时要及时防治云斑天牛、核桃小吉丁虫等害虫，防止病菌由蛀孔侵入。

另外，常见病害还有小叶病、干枯病、毛毡病、花叶病、桑寄生、槲寄生、果实缩裂病、落果病、日灼病、丛枝病等。

 二、核桃缺素症

核桃在生长季节，由于缺乏某种微量元素，或者土壤中某些元素处于不能被植物吸收的状态，同时施肥不能做补充时，植株就会表现出各种生长发育不正常的现象，即表现缺素症。核桃常见的缺素症有下列几种。

（一）缺铁症

1. 症状

核桃的缺铁症又称黄叶病。先从嫩叶开始，叶色变白，但叶脉仍保持绿色，严重时沿叶缘变黄褐色枯死，原因是土壤中碳酸钙过多，氧气不足，生长前期水分过多，土壤温度过高或过低，根系不发达，减少了小根冠而不能很好地吸收铁元素。

2. 防治方法

增施农家肥，可使土壤中的铁元素变为可溶性铁，以利于核桃吸收，或用硫酸亚铁与农家肥混合施用，黄化的树木可用铁盐溶液进行树冠喷洒、树干注射及土壤浇灌。在生长期用 0.1%硫酸亚铁喷洒，也可用含 1.5%硫酸亚铁、0.5%硫酸镁、5%尿素的溶液作树干注射，还可用 1：30 的硫酸亚铁浇灌。

（二）缺锌症

1. 症状

缺锌症又称"小叶病"，表现为叶小且黄，卷曲；严重时叶子浅红色、畸形、变小，生这种小叶的枝条逐渐枯死。受害的树木在早春表现正常，夏季则部分叶子开始出现缺锌症状。

2. 防治方法

在叶片成熟至 1/4 时，喷洒 0.3%～0.5%硫酸锌，每隔 15～20 天喷一次，喷 2 或 3 次。

（三）缺铜症

1. 症状

主要表现是叶片出现褐色斑点，早黄早落，果实萎缩。小枝的表皮产生黑色斑点，严重时枝条死亡。发病原因是在碱性、石灰性土壤中，铜的有效性较低。

2. 防治方法

春季展叶后喷波尔多液，或喷洒 0.3%～0.5%硫酸铜液，或在距树干约 70cm 处开 20cm 深沟施硫酸铜液。

（四）缺硼症

1. 症状

主要表现为小枝梢枯死，小叶脉间出现棕色斑点，小叶易变形，幼果易脱落。原因是酸性土壤中施用石灰量过大，使硼呈不溶解状态，降低有效性。

2. 防治方法

冬季结冻前，环状开沟施入硼砂 0.2～0.35kg，施后灌水，或生长期喷洒 0.1%～0.2%硼砂溶液。

（五）缺锰症

1. 症状

表现为叶片失绿，叶脉之间浅绿色，叶肉和叶缘发生焦枯斑点，易早落。

2. 防治方法

用 0.5kg 硫酸锰加 25L 水，于叶片接近停止生长时喷施。

第二节　主要虫害与防治

 一、核桃金花虫

核桃金花虫属鞘翅目金花虫科，是核桃食叶害虫。

核桃金花虫曾于 1951～1953 年、1964～1966 年及 1976～1978 年，在漾濞县的小村、新村、沙河、白樟、淮安及双涧等乡镇，先后有 16 个村委会 54 个生产队的核桃受害，受灾面积达 1.2 万～1.9 万亩。在漾濞县核桃金花虫猖獗成灾之年，核桃叶片全部被嚼食光，导致树势衰弱，核桃仁发育不饱满，严重影响核桃的产量和质量。2016 年 5 月在镇雄县木卓乡银屏村土营村民小组又有 6～10 年生的核桃幼树受灾，面积达 10 多亩。在云南，核桃虫害危害最严重的应是核桃金花虫，一旦发生，面积大、速度快，造成的灾害也很大，必须高度加以防治(图 8-10)。

核桃金花虫成虫及幼虫均食核桃叶片。初龄幼虫多集中在叶背面嚼食，嚼食后的叶片呈网状。虫口密度大，能将全株叶片食光，仅残留叶脉。4～5 月，核桃树叶片被食光后，果实变黄脱落，树枝光秃，严重影响核桃树的生长发育及产量与质量。

图 8-10 核桃金花虫与其引起的危害

A. 核桃金花虫幼虫；B. 核桃金花虫成虫；C. 危害后叶片；D. 危害后核桃幼林

（一）生活习性与生活史

1. 成虫

核桃金花虫一年一代，成虫在树皮内、枯枝落叶里、石缝中越冬。成虫在 3 月下旬离开越冬场所，上树取食叶片，可食叶片 2000～3000mm^2，3～5 天后开始交配产卵。4 月中旬，越冬成虫自然死亡。5 月上旬是当年成虫羽化的盛期，刚羽化的成虫身体和鞘翅柔软、呈淡黄色，两小时后，鞘翅变成青蓝色和紫蓝色,腹部为淡黄色,只能爬行,一天后开始飞翔,上树嚼食叶片。当年成虫不再交配产卵,5月中旬进入越冬场所潜伏,当年不再出来危害。成虫有假死性,受惊扰时,马上从树上掉落,静伏一会再恢复活动。假死现象在清晨气温低时特别明显,中午气温高摇动树枝也会往下掉,但不到地面又向上飞翔。

成虫雌雄个体数量不等,雌虫是雄虫的1.5~1.6倍。雌虫产卵期为3月下旬至4月中旬,产卵盛期在4月中旬,一只雌虫产卵量在400粒左右,孵化期7天左右,孵化率达98.1%~100%。成虫有发达的后翅,善于飞翔,核桃叶片吃光后,大量转移危害。成虫会因食料不足而影响繁殖或大量死亡。

2. 幼虫

4月上旬幼虫开始孵化,刚孵化的幼虫,静伏在卵壳上不食不动,三小时后逐渐离开卵壳,群集于叶背面取食。

3. 蛹

老熟成虫于4月下旬化蛹,化蛹前老熟成虫不食不动,身体上分泌出黏液,将身体末端黏在叶背或树干上。蛹呈灰褐色,静止不动,化蛹率达93.5%,历时7天。

(二)防治方法

1)在冬天,清理成虫越冬场所,对核桃园内枯枝落叶、老核桃树皮进行清理,将越冬成虫一起集中烧毁。

2)生物防治:瓢虫中的草斑大瓢虫和奇变瓢虫是核桃金花虫的天敌,瓢虫成虫吃害虫的卵和幼虫,可引一些草斑大瓢虫和奇变瓢虫到灾情重的产区释放,能有效抑制害虫。

3)药物防治:在幼虫和成虫危害时,可用1:1000倍敌百虫液喷雾防治,重复2或3次杀虫率达89.2%~100%,效果显著。另外也可用50%敌敌畏乳剂,注入树体内吸收传导防治,效果良好,施药5天后,杀虫率可达95%~100%,此法简便易行,效果良好,又保护天敌。

 二、金龟子

金龟子属无脊椎动物,是鞘翅目金龟子科昆虫的总称,杂食性,在云南各核桃产区均有不同程度的发生。危害核桃的金龟子有10余种,其中以棕色鳃金龟发生量最多,危害最重,有时能将核桃叶片吃光,幼虫生活于地下,危害根系,严重时造成植株死亡。

(一)生活习性与生活史

各种金龟子的生活习性一般大同小异。金龟子为一年一代,以幼虫在土壤中越冬。3 月上旬幼虫向地表移动，取食植物嫩根或腐殖质。过一段时间便在土中化蛹，成虫于 4 月下旬至 7 月中旬出土为害，5 月下旬至 6 月中旬为盛期。成虫多在夜间活动，于傍晚飞到树上取食叶片，天亮前后飞回土中，白天就在土中潜伏。具有假死性和趋光性。成虫一般雄大雌小，为害植物的叶、花、芽及果实等地上部分。夏季交配产卵，产卵多选择在树根旁的土壤中。幼虫生活于土中，一般称为"蛴螬"。啃食植物根、块茎或幼苗等地下部分，为主要的地下害虫。老熟幼虫在地下作茧化蛹。金龟子为完全变态，图 8-11 为金龟子类害虫。

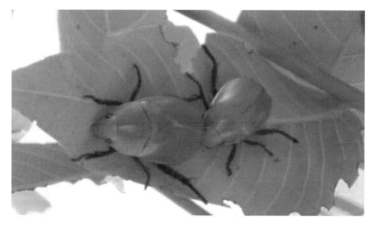

图 8-11　金龟子类害虫

（二）防治方法

1. 人工防治

1）灯光诱杀：利用成虫的趋光性，采用振频式杀虫灯或黑光灯诱杀。

2）利用假死性，于傍晚敲树振虫，树下用塑料布接虫，集中消灭。

3）种植蓖麻诱杀。

4）茶枯水防治：将油茶枯饼烧成焦黄色并砸碎，然后用 4～5 倍滚烫的开水倒入并搅拌成浓液，冷却后浇入已经松土的园内。

2. 药剂防治

1）在成虫期，发生量大的年份喷 50%辛硫磷乳油 800～1000 倍液，或 90%敌百虫 400 倍液防治，效果明显。

2）在幼虫期，用 50%辛硫磷乳剂 250g 与 20kg 细土混合拌匀撒施，浅锄入土内，防治幼虫。

三、木蠹蛾

木蠹蛾为鳞翅目木蠹蛾科多种昆虫的总称，又名蠹木蛾。其幼虫蠹木，是为害阔叶树种主干或根部的主要害虫。核桃受木蠹蛾类危害比较普遍，有些地方受害株率达40%以上。主要是核桃木蠹蛾和拟木蠹蛾。

（一）生活习性与生活史

木蠹蛾幼虫群集在核桃树干基部及根部蛀食皮层，使根颈部皮层开裂，排出深褐色的虫粪和木屑，并有褐色液体流出，使树势逐年衰弱，产量降低，甚至整株枯死。拟木蠹蛾幼虫蛀食枝干的皮层和木质部，破坏输导组织，使受害枝枯死，树势衰弱，树冠逐年缩小，造成严重减产，受害严重时可引起全株死亡。图8-12为木蠹蛾类危害状。

图 8-12　木蠹蛾类危害状
A．危害树皮；B．危害树干

木蠹蛾多为一年一代。木蠹蛾幼虫活动期为3～10月，成虫多在4～7月出现，最晚可至10月。木蠹蛾以幼虫在树干内越冬，老熟后入土化蛹。在树干内化蛹的茧均以幼虫所吐丝质与木屑等缀成，在土壤内化蛹者则与细土缀成，茧颇厚、韧。蛹在羽化前借助背面刺列可蠕动到排粪孔口或露出土面，以待羽化。成虫羽化多在傍晚或夜间，少数在上午10时前进行。成虫昼伏夜出，多数虫种有较强的趋光性。羽化后当夜即行交配，并可重复交配。成虫寿命1～12天。产卵多在夜间，每只雌虫产卵数十粒至千粒甚至更多，卵多产在树皮裂缝、伤口或腐烂的树洞边缘。在野外的孵化率可高达97.4%。初幼虫喜群集，并在伤口处侵入为害，初期侵食皮下韧皮部，逐渐侵食边材，将皮下部成片食去，然后分散向心材部分钻蛀，进入干内，并在其中完成幼虫发育阶段。干内被蛀成无数互相连通的孔道。图8-13为木蠹蛾类幼虫与成虫。

（二）防治方法

1．人工防治

1)剪除虫枝：从初夏至秋季，及时剪除虫害枝条、风折枝条，消灭枝内幼虫。

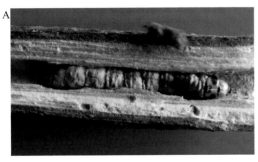

图 8-13　木蠹蛾类幼虫(A)及成虫(B)

2)钩杀幼虫：用端部弯有小钩的钢丝从蛀道上部的排粪孔刺入蛀道，钩杀幼虫或蛹。

2．生物防治

诱杀成虫：4～6 月成虫盛发期设置黑光灯或杀虫灯诱杀。

3．药剂防治

1)对蛀入髓部的幼虫，可用棉球蘸 50%敌敌畏乳剂 30～50 倍液(加入少量煤油最好)，塞入排粪孔，或直接将药液注入虫道后，用黄泥密封排粪孔杀虫；或用磷化锌毒签插入虫孔熏杀幼虫。

2)在成虫产卵期的 6 月中旬至 7 月下旬，用 2.5%功夫菊酯 500 倍液涂刷根颈部及主干，杀灭初孵幼虫，防止新幼虫蛀入。

3)用打孔注药法防治，即在树干基部(离地面 30～70cm 的树干上)，用摇弓钻或树干注射仪斜向下打 45°角左右的小孔(深 5cm)，将"树虫净"药瓶刺破后插入孔内，用药量视树干粗细增减，胸径 10cm 以下用一支(每支为 8mL)，10～18cm 用 2 支，20～24cm 用 3 支，26cm 以上用 4 支，以此类推。打孔时必须均匀对称，以免出现药害。

 四、绿蝉蛾

绿蝉蛾又称小绿叶蝉，同翅目叶蝉科害虫。在云南各核桃产区均有不同程度的发生，成虫、若虫吸食汁液，被害叶片初现黄白色斑点，逐渐扩成片，严重时全叶苍白早落。

(一)生活习性与生活史

绿蝉蛾以成虫在落叶、杂草或低矮绿色植物中越冬。翌春核桃发芽后出蛰，飞到树上刺吸汁液，取食后交尾产卵，卵多产在新梢或叶片主脉里面。因发生期不整齐而导致世代重叠。秋后以末代成虫越冬。成虫、若虫均喜欢在白天活动，在叶背刺吸汁液或栖息。成虫善跳，可借风力扩散，15～25℃适合其生长发育，28℃以上及阴雨天气虫口密度下降。图 8-14 为绿蝉蛾成虫与若虫。

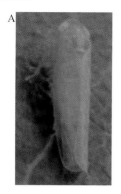
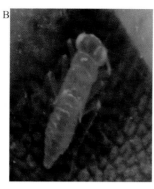

图 8-14   绿蝉蛾成虫(A)与若虫(B)及其造成的危害(C)

（二）防治方法

1．人工防治

1）加强果园管理：秋季彻底清除落叶，铲除杂草，集中烧毁，消灭越冬成虫，减少虫口密度。

2）冬季和夏季处理枝条上的虫卵。

3）用黑光灯诱杀成虫。

2．药剂防治

1）若虫期喷洒 25%扑虱灵可湿性粉剂 1000 倍液或 48%乐斯本乳油 3500 倍液。

2）在越冬代成虫迁入后，各代若虫孵化盛期及时喷洒 20%叶蝉散（灭扑威）乳油 800 倍液或 25%速灭威可湿性粉剂600～800 倍液、20%害扑威乳油 400 倍液、50%马拉硫磷乳油 1500～2000 倍液、20%菊马乳油 2000 倍液、50%抗蚜威超微可湿性粉剂 3000～4000 倍液、10%吡虫啉可湿性粉剂 2500 倍液、20%扑虱灵乳油 1000 倍液、40%杀扑磷乳油 1500 倍液、2.5%保得乳油 2000 倍液、35%赛丹乳油 2000～3000 倍液，均能收到较好效果。

 五、天牛

天牛为鞘翅目天牛科害虫。天牛种类众多，主要有云斑天牛、桑天牛等，是核桃的毁灭性害虫。在云南各核桃产区均有不同程度的发生。其成虫危害新枝和嫩叶，幼虫蛀食枝干。核桃受害后，树势减弱，严重时可导致整株核桃枯死。图 8-15 为冬季天牛危害状。

图 8-15   冬季天牛危害状

（一）生活习性与生活史

天牛发生的世代因地而异，越冬虫态各地也有不同，每 2～3 年完成一代，滇中地区 2 年发生一代，以幼虫和成虫在树干内越冬。翌年 5 月中旬越冬成虫开始外出活动，成虫具有假死性和趋光性。白天多栖息在大枝或树干上面，晚间开始活动。5 月下旬至 6 月上旬为盛期，啃食核桃当年生枝条的嫩皮和叶片，取食 30～40 天后开始交尾产卵。产卵多选择在直径为 10～20cm 的树干基部或同样粗细的大枝下面，产卵之前，雌虫先在树皮上咬出指头大小的圆形或椭圆形刻槽，后在里面产 1 粒卵。1 头雌虫一生可产卵 30～50 粒。卵期 10～15 天。幼虫孵出后，先把皮层蛀成三角形的蛀道，粪便和木屑便从蛀道孔排出。受害处颜色逐渐变深，树皮发胀，不久便开始纵裂，并流出褐色树液，可见丝状粪屑。这是识别云斑天牛危害状的重要特征。20～30 天后，幼虫逐渐蛀入木质部，蛀食一段时间以后，以幼虫越冬。第二年继续钻蛀危害，8 月在蛀道顶端做 1 个椭圆形蛹室化蛹。9 月羽化为成虫后在蛹室内越冬。第三年核桃树发枝后，成虫从蛹室向外咬 1 个直径约为 12mm 大小的圆孔，钻出树干。图 8-16 为天牛类害虫。

图 8-16　天牛类害虫

（二）防治方法

1. 人工防治

1）人工捕杀成虫：在 5～6 月成虫发生期，组织人工捕杀。对树冠上的成虫，利用其假死性振落后捕杀。也可在晚间利用其趋光性诱集捕杀。

2）人工杀灭虫卵：在成虫产卵期或产卵后，检查树干基部，寻找产卵刻槽，用刀将被害处挖开；也可用锤敲击，杀死卵和幼虫。

3)人工钩杀幼虫：发现蛀入木质部的幼虫后，可用细铁丝端部弯一个小钩，插入虫孔，钩杀部分幼虫。

4)加强管理：加强抚育管理，增强树势，提高树木抗病虫能力。

5)清除虫源树：于秋冬季节或早春砍伐受害严重的核桃林木，并及时处理树干内的越冬幼虫和成虫，消灭虫源。

6)饵木诱杀：利用天牛等蛀干害虫喜欢在新伐倒木上产卵繁殖的特性，于6~7月繁殖期，在林内适当地点设置一些木段(如桑、杨、柳、梨、栎等)，供害虫大量产卵，待新一代幼虫全部孵化后，剥皮捕杀。

2. 生物防治

保护天敌，利用小茧蜂、虫花棒束孢菌、核型多角体病毒(NPV)及啄木鸟等生物抑制天牛。

3. 药剂防治

1)涂白：秋冬季至成虫产卵前，用石灰5kg、硫黄粉0.5kg、食盐0.25kg、水20kg充分混匀后涂于树干基部(2m以内)，(若没有硫黄粉，可用敌杀死、多菌灵等杀虫杀菌剂代替)，防止产卵，做到有虫治虫，无虫防病。同时，还可以起到防寒、防日灼的作用。

2)虫孔注药：在幼虫危害期(6~8月)，清除虫孔处的粪屑，注入50%辛硫磷乳剂200倍液，或塞入0.2g左右磷化铝片剂，然后用泥土封口。也可用棉球蘸50%磷胺乳剂或50%杀螟松乳油，塞入虫孔。

3)喷药防治：成虫发生期，对集中连片危害的林木，向树干喷洒90%的敌百虫1000倍液或绿色威雷100~300倍液杀灭成虫。

▶▶ 六、绿尾大蚕蛾

绿尾大蚕蛾是鳞翅目天蛾科害虫，又名绿色大蚕蛾、绿翅大蚕蛾、燕尾水青蛾。该虫分布在云南各地，以幼虫危害叶片，严重时可将叶片吃光。

(一)生活习性与生活史

绿尾大蚕蛾一年发生2代，以茧蛹附在树枝或地被物下越冬，翌年5月间羽化为成虫。成虫昼伏夜出，有趋光性，日落后开始活动，21~23时最活跃，虫体大而笨拙，但飞翔力强。产卵在叶片上，卵散开，每只雌虫可产卵200~300粒。幼虫取食时先把一叶吃完再为害邻叶，吃光一枝再转另一枝，行动迟缓，食量大，每头幼虫可食100多片叶子。虫粪较大，在地面上若见到较大粒虫粪时便知树上有此虫为害。幼虫老熟后于枝上贴叶吐丝结茧化蛹。7月间出现第二次成虫，继续繁殖。幼虫危害至8~9月，陆续结茧化蛹越冬。第二代幼虫老熟后下树，附在树干或其他植物上吐丝结茧化蛹越冬(图8-17)。

图 8-17　绿尾大蚕蛾幼虫

（二）防治方法

1）人工防治：人工捕杀，秋后至发芽前清除落叶、杂草，并摘除树上虫茧，集中处理。利用黑光灯诱蛾，并结合管理注意捕杀幼虫。

2）生物防治：利用赤眼蜂等天敌抑制。

3）药剂防治：在低龄幼虫期喷 90%晶体敌百虫 1000～2000 倍液；或 2.5%溴氰菊酯乳油 1000 倍液。

 七、蚧壳虫

蚧壳虫是同翅目盾蚧科的昆虫。大多数虫体上有蜡质分泌物，即蚧壳。蚧壳虫是核桃树上最常见的害虫，常群集于枝、叶、果上，以吸取植物汁液为生，危害轻者，树势衰弱，严重时会造成枝条凋萎或全株死亡。蚧壳虫的分泌物还能诱发煤污病，危害极大。常见的有吹绵蚧、樟蚄圆盾蚧、糠片蚧、朝鲜球坚蚧、桑白蚧、康氏粉蚧6 种（图 8-18）。

图 8-18　蚧壳虫类害虫危害状

(一)生活习性与生活史

蚧壳虫一般一年发生 1～3 代，常因种类、地域、气候条件、寄主及寄生部位等而有区别。不同世代的蚧壳虫在生物学、生态习性等方面常存在一些差异，有时甚至在形态方面的差异也十分明显。下面以草履蚧为代表详细介绍其生活习性及发生规律。

草履蚧一年发生一代。以卵在土中越冬；1 月下旬至 2 月上旬，在土中开始孵化，能抵御低温，在大寒前后的雪堆下也能孵化，但若虫活动迟钝，在地下要停留数日。由于春季冷暖无常，出土时间不一致，温度高，停留时间短，天气晴暖，出土个体明显增多。孵化期要延续 1 个多月。若虫上树后多吸食 1～2 年生枝。雄性若虫 4 月下旬化蛹，5 月上旬羽化为成虫，羽化期较整齐，羽化后即觅偶交配，寿命2～3 天。雌性若虫 3 次蜕皮后即变为雌成虫，潜入树根附近的土中，经交配后潜入土中产卵，之后即死去。卵由白色蜡丝包裹成卵囊，每囊有卵 100 多粒。每只雌虫可产卵 100～180 粒，产卵期 4～6 天。草履蚧若虫、成虫的虫口密度高时，往往群体迁移，爬满附近墙面和地面，令人厌恶。蚧壳虫的分泌物排泄在树皮上，黏液易生霉菌，使树皮上覆盖一层黑霉。

(二)防治方法

1. 人工防治

1)加强植物检疫：严格检查购入苗木，如发现病虫，应采取各种有效措施加以消灭，防止进一步传播扩散。

2)加强管理：若个别枝条或叶片有蚧壳虫，可用软刷轻轻刷除，或结合修剪，剪去病虫枝、虫叶、弱枝和过密枝。要求刷净、剪净、集中烧毁，切勿乱扔。

3)秋冬季节，结合果园整地或施肥等管理措施，收集树干周围土壤及杂草和土石缝中的卵囊和初孵若虫，集中销毁。

4)雌成虫下树产卵前，在树基部周围挖半径 100cm、深 15cm 的浅坑，放置树叶、杂草，诱集成虫产卵。

5)若虫上树前，在树干上粘 6～10cm 宽的胶带，阻杀若虫。

2. 生物防治

保护和利用天敌：蚧壳虫有很多天敌，捕食的有瓢虫、草蛉、花蝽等，寄生的有多种寄生蜂，这些天敌能有效控制蚧壳虫，应尽量加以保护利用。喷农药时，尽量选择对天敌杀伤力小的，并且不要在天敌发生初期和盛期喷洒农药。用对天敌杀伤力小的喷施方法，如注射、涂白、根施。

3．药剂防治

根据蚧壳虫的各种发生情况，在若虫盛期喷药。因此时大多数若虫孵化不久，体表尚未分泌蜡质，蚧壳更未形成，用药易将其杀死。每隔 7～10 天喷 1 次，连续 2 或 3 次。可用 40%氧化乐果1000 倍液，或 50%马拉硫磷1500 倍液，或 255 亚胺硫磷 1000 倍液，或 50%敌敌畏 1000 倍液，或 2.5%溴氰菊酯3000 倍液，喷雾。

 八、其他虫害

危害核桃的害虫还有很多，如核桃举肢蛾、黄刺蛾、樟蚕(图 8-19)、大蓑蛾蚜虫、缀叶螟等。

图 8-19　樟蚕的幼虫(A)及成虫(B)

第九章 核桃采收、处理、贮藏及加工

核桃采收、处理、贮藏及加工是核桃生产的最终环节，只有做好此项工作，才能圆满实现核桃产业的经营目标。

第一节　采收

▶▶ 一、采收时间

(一)影响核桃成熟的因素

云南由于地形地势复杂、气候条件各异，即使是同一个品种，也会出现低海拔地区成熟早、高海拔地区成熟晚，热区成熟早、冷地区成熟晚，阳坡成熟早、阴坡成熟晚，干旱地区成熟早、湿润地区成熟晚，干旱年份成熟早、多雨年份成熟晚等情况。

此外，云南核桃类型及品种甚多，不同类型和品种采收期也不尽相同。早实类型比晚实类型核桃成熟早，早实核桃采收期一般在 7 月下旬至 8 月下旬，成熟最早的是'云新高原'核桃，在 7 月下旬成熟上市，'云新云林''云新 301 号''云新 303 号'及'云新 306 号'一般在 8 月中下旬成熟。晚实核桃大多在 9 月上中旬(白露前后)成熟，如'漾濞泡核桃''大姚三台核桃''昌宁细香核桃'等；也有成熟较早的'漾濞小泡核桃''火把核桃''南华早熟核桃'，一般在 8 月下旬(农历七月十五日前后)成熟；较晚的是漾濞县高海拔(2300m 以上)地区的'圆菠萝核桃'。

(二)核桃成熟及采收时间

核桃要达到生理及自然成熟才能采收。生理成熟即核桃的雌花授粉后，由子房膨大形成幼果到果实成熟，约需 140 天，其间果实内部物质在不断变化，由液体变为半固体、半固体变成固体，营养物质如碳水化合物、矿质元素、维生素及脂肪等不断积累，最终使果实达到生理成熟状态。

果实生理成熟后，自然表现出树叶颜色暗淡、叶片逐步发黄，果实由绿色转成黄绿色，果面出现细小裂纹且逐渐增大，果实青皮裂开并逐步出现裂果等现象。一株核桃树上有 1/3 或 1/2 的裂果时，标志着此株核桃果实已生理和自然成熟，是最适宜的采收期(图 9-1)。云南不同地区，尽管地形地势及气候条件存在差异，核桃类型、品种也不尽相同，但都可以此作为核桃果实成熟的标准，适时采收。

在云南过早采收核桃的现象普遍存在且日趋严重，影响了核桃的产量和质量，且果实不成熟难以抖落，用力过大易打伤花芽也会影响来年的结果；但如果采收过晚，种实过熟而大量脱落也会造成经济损失。因此，应该引起足够重视，适时采收核桃。

图 9-1　果实青皮裂开

二、采收方法

云南采收核桃主要是人工采收(图 9-2)。当核桃果实成熟时,选用实心竹竿或有弹性的长木杆敲击核桃结果枝下部或用杆尖上下抖动果枝,切记不能直接敲打果实,抖动时用力适度,以免损伤果枝上的花芽,影响来年产量。核桃产区的老百姓对采收核桃的好坏有句谚语,即"核桃打得好不好,看看地上枝叶有多少",枝叶多、伤树体,枝叶少又能采收完全就是好的方式。采收后将果实按带青皮和不带青皮(白子核桃)区分开,运回处理。

图 9-2　采收

A. 打果;B. 捡收

第二节　处理与贮藏

一、果实处理

(一)脱青皮

1. 堆沤脱皮法

将采收后的青皮核桃果及时运送到大棚或室内(不能晒太阳和淋雨)。依采收的先后进行堆放，一般厚度为50cm左右，宽度和长度可按数量多少而定。堆面上铺盖一层干稻草（厚10cm左右）或盖麻布袋（有利于透气）。堆沤时间长短与果实成熟度有关，成熟度越高，堆沤时间越短，反之则长。适时采收的核桃，一般堆3～5天即可进行脱青皮（图9-3）。

图 9-3　脱青皮

A. 堆沤脱皮；B，C. 人工脱青皮

核桃脱青皮是人工用刀将堆沤的青皮核桃果皮剥离（多数果皮成两半），比较洁净。以前堆沤核桃，核桃堆上面盖新鲜蒿草或杂草，又堆放在园内露地上，易受雨淋，堆沤青皮易腐烂，种壳污染，不够洁净。改进后，种实较干净，剥离青皮又快，一个工人一天可剥青皮核桃500kg左右。

2. 药剂脱皮法

云南省林业和草原科学院曾采用催熟剂乙烯利进行处理后再人工剥离青皮，效果较好。将采收回来的果实堆放在室内或大棚内（不能淋雨）的地上，一般堆集采来的青皮核桃，厚度可在1m左右，用300～500倍的乙烯利液均匀喷洒（图9-4）。堆放喷洒后用塑料薄膜覆盖，5天左右有95%以上的裂果青皮泡软，用手即可剥开且青皮不会腐烂，也不会污染种壳。这种方法脱青皮效率较高，一个工人一天可脱青皮1000kg左右。

图 9-4　药剂脱青皮

3. 机械脱皮法

新疆农业科学院农业机械化研究所研制的 6B×H-800 核桃青皮剥离清洗机，每小时可加工 1 吨多带青皮的核桃，剥净率 89.3%，损伤率 0.5%。大理白族自治州农业科学推广研究院近年也初步研究出一种小型的脱核桃青皮机，每小时可脱 500kg 青皮核桃(图 9-5)。采用机械脱青皮，效率高、质量好，既可减轻劳动强度，又可避免核桃青皮对手的伤害。

图 9-5 机械脱青皮

(二)坚果清洗

脱青皮后的核桃应及时用水洗去残留在种实上的污染物、泥土和纤维。清洗的方法通常是将刚脱皮的坚果装入筐内，再将筐放在水池中用棍子或其他工具搅拌，有条件的放在流水中冲洗效果更佳(图 9-6)。清洗时间视效果而定，一般只要将污染物洗掉即可，对个别外壳粘有残留物的则用细钢丝刷洗。一般情况下，只要采收适时、脱青及时、烘烤适时，核仁都不会被污染，大多数泡核桃品种的外壳都接近白皮核桃的标准，可不必用药剂处理。清洗后及时进行烘干处理。

图 9-6 坚果清洗

（三）干燥

在云南，核桃干燥方法根据气候而定，阳光充足的情况下可采用自然晾晒，雨多潮湿的地方应采用烘烤的方式进行干燥。

1. 晾晒

气候允许的情况下，可采用日晒方法（图9-7）。这样做用工少、成本低。晾晒过程中要经常翻动，以达到干燥均匀、色泽一致。气温适宜的条件下5～7天即可晾晒干。在晾晒过程中注意不要被泥土等物污染。

图9-7　晾晒

2. 烘烤

云南采收核桃季节为雨季末期，有时会阴雨连绵，致使核桃不能正常晾晒。为保证核桃质量，需要进行烘烤。烘烤是生产白皮核桃的重要环节，它直接决定着白皮核桃的好坏和价格。烘烤方式主要有烤房烘烤和热风烘烤两种，在此介绍一下烤房烘烤的方法（图9-8）。

（1）核桃烤房烘烤的优点

1）核桃壳白、仁白、无烟味：传统烟火烘烤为直接烘烤，烟火与核桃直接接触，烤出的核桃壳黑、仁和隔膜发黄、残留火烟味，甚至将核桃烤焦或烤坏。而烤房烘烤为辐射烘烤，烟火与核桃不直接接触，温度、湿度容易控制，烤出的核桃外壳、内仁和隔膜均为白色或浅白色，且无烟味，保留了核桃的原始风味，外观和内在品质大大提高。

2）节约时间和燃料：烟火烘烤一般需要10～20天，每千克耗柴0.6kg。而烤房烘烤仅需2天，每千克耗柴0.25～0.3kg。烘烤时间大大缩短，能及时将采回的核桃烤完出售，省时、省工、省柴。

图 9-8　烤房烘烤

3)核桃价格提高：由于烤房烤出的核桃从外观到内在品质都得到提高，客商及消费者都十分喜欢，不但好卖，市场价格也比烟熏核桃高 10% 左右（在国际市场上，白皮果的价格要比黑皮果高 40%）。

4)简便易行：核桃烘烤房是在烤烟烘烤房的基础上研制、改进的，与烤烟烘烤房建设大体相似，大小、规格可根据实际情况决定，可以新建，也可以用原来的烤烟房、畜厩、空房进行改建，建造方法简单，烘烤技术也不复杂。

此外，烤房烘烤核桃还具有烘烤量大、技术简单易学，不会因烘烤不及时而造成核桃霉烂等特点。总之，用烤房烘烤核桃具有改善核桃质量、提高核桃价值、缩短烘烤时间、降低烘烤成本等优点。

(2)核桃烤房简要建盖技术　　烤房为长方形或正方形，规格可根据地形和核桃产量而定，一般长 3m、宽 3m、高 4.5m。基础挖至坚硬位置，毛石砂浆支砌。墙体可用土基、红砖、空心砖支砌，也可用泥土舂成，在墙体的上、下部位各安装 1 扇房门，上门高 1.0m、宽 0.7m，下门高 1.6m、宽 0.7m，房门用木板或角钢铁皮制作，每面墙角各留 2 个 20cm×20cm 进气孔。房顶用拱形瓦两边分水，房顶材料用泥瓦或石棉瓦，屋顶与墙体要留适当的空隙，不能密封，以便排湿。在烤房的正面墙支砌前，先支砌灶门、灰仓(进风门)、烧火仓(灶塘)和观察窗。火龙 5 条，用烤房耐火砖或扁土基支砌，主龙 1 条稍大、着地，分龙 4 条稍小、悬空支砌防潮，靠墙边的两条龙可用板瓦作为盖板，龙与龙之间留踏脚，火龙必须稳固、密封，不能漏烟。烟囱用空心砖空对空支砌，从后墙排出，高出房顶 1m 以上。烤房内设 2 层炕架，第一层炕架距龙高 1.5m，第二层炕架距第一层炕架 1.5m。

(3)核桃烘烤技术

1)核桃上炕：核桃上炕应摊开摊平，厚度一般在15cm左右。不要摊得过厚或过薄，否则影响热量的扩散和水分的蒸发。堆放过厚将会造成烘烤不均，形成上湿下焦，使桃仁变质；过薄则会造成燃料浪费，也容易烤黄烤焦，同时绽裂果也会增多。

2)火力掌握和排湿：一般情况下为小火→大火→微火，具体如下。

第1～5小时，炉温控制在35～40℃，并把房顶上面通气孔全部打开。核桃烘烤的前期切忌火力过猛，必须让核桃里外慢慢同时受热，避免水分滞留在壳内，导致核桃仁发黄、发黑。

第5～15小时，炉温控制在40～45℃，房顶气孔继续打开。

另外，第1～15小时，为加快排湿，可在烤房内放1或2台鼓风机进行吹风，排出水蒸气。

第15～35小时，炉温控制在40～50℃，待核桃烘干到含水率40%左右时，将房顶通气孔盖严。

第35～48小时，炉温控制在30～35℃，最后一天不再添火，用剩余微火和炉温烘至干透时为止。

核桃上炕后，所含水分比较多，这时不能翻动，因为此时核桃所含的大量水分经过加温烘烤后，变为大量的水蒸气，如果一经翻动，水蒸气就会污染核桃表面，留下深色痕迹，核桃烘烤的关键是掌握和控制好温度，及时排湿，核桃果含水率低于8%时出炉。

烘烤过程中如果炉温过高，应及时控制火势，降低炉温；入炉上炕后5～15小时要全部打开排湿孔，以达到尽快排湿的目的。核桃烘烤过程中避免前期火力过猛，要让核桃果里外慢慢同时受热后才能逐渐升温，这样核桃仁里的水分才不会留在壳里。烘干后的核桃种实含水量率在5%左右。

 ## 二、果实贮藏

需贮藏的云南核桃种实(坚果)必须经过干燥处理。种实的含水率不超过7%时即可贮藏。数量较大的种实可堆放在干燥通风、背阴的木地板上，堆放厚度在50cm；也可用麻袋包装后，放于冷库中进行低温、干燥贮藏，麻包堆放高度不超过2m。其贮藏地必须具备冷凉、干燥、背光、通风等条件，才能保持核桃种实在贮藏期内不变质。核桃种实在自然保存条件下，较热的地区只能保存6～8个月，核桃仁不变质；在较冷的地区可保存一年左右，核桃仁不变质。在低温、干燥的冷库中核桃种实可贮藏一年半左右。在核桃种实贮藏的过程中应经常进行检查，防止鼠、虫害的发生，以免造成核桃种实不必要的损失。

第三节　云南核桃加工情况

 一、云南核桃加工的基本情况

（一）云南核桃主要产品情况

1. 主要产品类型及比例

云南核桃产品类型主要为核桃仁、核桃乳、核桃油和核桃工艺品，还有少量的核桃蛋白粉、核桃粉末油、核桃胶囊、核桃仁营养早餐，以及分心木、活性炭、染发剂等。据 2017 年统计，全省核桃干果产量达 102 万吨，其中 35.70 万吨用于加工，加工率仅为 35%（不含无烟烧烤直接销售的干果）。不同产品类型及其所占核桃干果产量比例如图 9-9 所示。

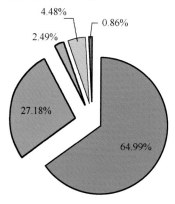

4.48%　2.49%　0.86%　27.18%　64.99%

■核桃干果　■核桃仁　■核桃乳　■核桃油　■其他

图 9-9　核桃干果产品类型及比例

1）核桃仁：初加工消耗干果为 27.72 万吨，占总产量的 27.18%，占总加工量的 77.65%。

目前云南核桃出口以核桃仁为主（图 9-10），主要出口至东南亚、南亚、东亚、欧洲及北美等地区。

图 9-10　核桃果实初加工

A. 取仁；B. 挑选

2)核桃乳:加工消耗干果 2.54 万吨,占总产量的 2.49%,占总加工量的 7.11%。

3)核桃油:加工消耗干果 4.57 万吨,占总产量的 4.48%,占总加工量的 12.80%。

2．不同核桃产品产能、产量、销量及产值

云南核桃主要加工产品产值 85.01 亿元,占核桃总产值 305 亿元的 27.87%。不同产品类型的产能、产量、销量及产值情况详见图 9-11。

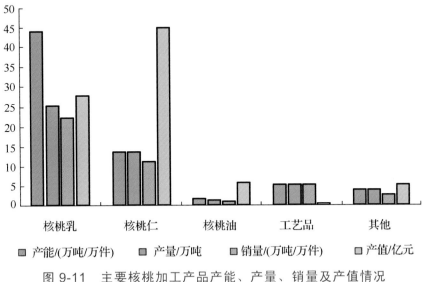

图 9-11　主要核桃加工产品产能、产量、销量及产值情况

1)核桃乳:年产能为 44.31 万吨,实际产量 25.41 万吨,为产能的 57.35%,年销量为 22.22 万吨,为产量的 87.45%,产值 28.07 亿元。

2)核桃仁:年产能、产量均为 13.86 万吨,销量为 11.41 万吨,为产量的 82.32%,产值达 45.07 亿元。

3)核桃油:年产能为 1.67 万吨,产量为 1.14 万吨,销量 0.65 万吨,为产量的 57.02%,产值 5.78 亿元。

3．各州(市)核桃生产加工情况

(1)各州(市)核桃仁生产加工情况　　对全省 16 个州(市)核桃生产加工情况进行调查,反馈数据显示 10 个州(市)有核桃仁生产和加工,其中:大理核桃仁产量、销量和产值均最高,年产量达 5.58 万吨,销量 5.18 万吨,产值 16.7 亿元;其次为临沧,年产量和销量均为 2.25 万吨,产值 11.25 亿元;楚雄年产量为 2 万吨,居全省第三,但销量 0.34 万吨,仅为产量的 17%,产值 1.75 亿元;昭通年产量 1.34 万吨,销量 1.26 万吨,产值 5.04 亿元;曲靖年产量和销量均为 1 万吨,产值 4 亿元;保山年产量 0.8 万吨,销量 0.72 万吨,产值 4.08 亿元。具体情况如图 9-12 所示。

■ 实际产量/(吨/年)   ■ 销量/(吨/年)   ■ 产值/(万元/年)

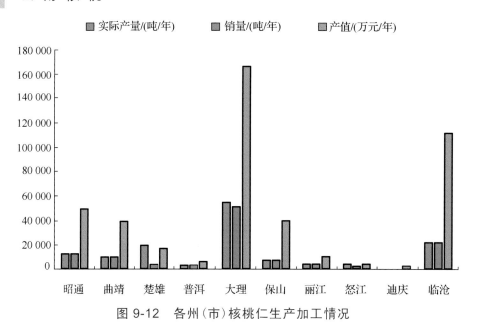

图 9-12　各州(市)核桃仁生产加工情况

(2)各州(市)核桃乳生产加工情况　　根据各州(市)反馈数据,共 9 个州(市)有核桃乳生产和加工。核桃乳生产加工情况以楚雄最为突出,年产量 14.2 万吨,占全省产量的 55.88%,销量 14.0 万吨,占全省销售量的 63%,产值达 16.5 亿元,占全省产值的 58.78%;保山核桃乳年产量居全省第二,为 2.4 万吨,销量 1.7 万吨,产值 2.4 亿元;其次为曲靖和临沧,年产量均为 2 万吨,销量分别为 1.67 万吨和 1.21 万吨,产值分别为 0.90 亿元和 3.75 亿元;大理、普洱、迪庆、玉溪实际产量和销量均在 1 万吨左右,产值在 1 亿元左右;排名最后的为丽江,年产量 220 吨,销售量 165 吨,产值 264 万元。具体情况如图 9-13 所示。

■ 实际产量/(吨/年)   ■ 销量/(吨/年)   ■ 产值/(万元/年)

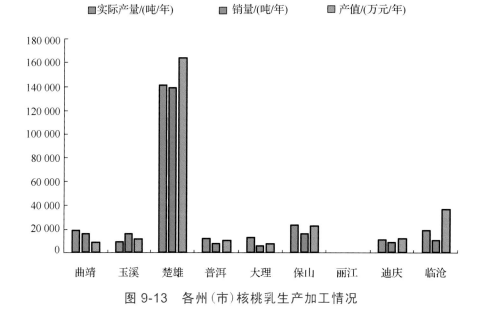

图 9-13　各州(市)核桃乳生产加工情况

（3）各州（市）核桃油生产加工情况　全省 11 个州（市）有核桃油生产和加工，但加工规模均不大。以怒江核桃油年产量最高，为 3030 吨，销量 2003.5 吨，产值 2130 万元；临沧年产量 2394 吨，销量仅 284.2 吨，为产量的 11.87%，产值 2690 万元；楚雄年产量为 1850 吨，销量 994 吨，产值 2.45 亿元，为全省第一。具体情况如图 9-14 所示。

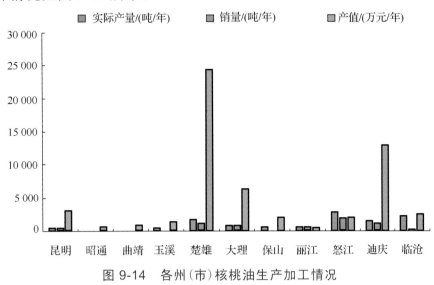

图 9-14　各州（市）核桃油生产加工情况

（二）龙头企业及生产、销售情况

1. 核桃企业总体情况

（1）全省林业龙头企业情况　根据各州（市）提供的统计数据，全省林业企业总数为 10 170 家，其中林业产业省级龙头企业 703 家，林业龙头企业所占比例为 6.91%。其中，昆明 154 家，大理 75 家，红河 57 家，保山 50 家，楚雄 49 家，玉溪 46 家，临沧 45 家，曲靖 44 家，普洱 40 家，西双版纳 30 家，文山 26 家，德宏 25 家，怒江 18 家，昭通 17 家，丽江 15 家，迪庆 12 家。具体情况如图 9-15 所示。

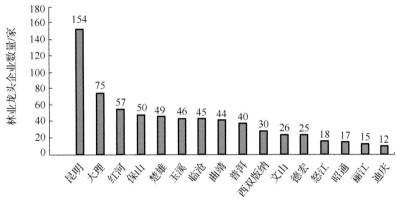

图 9-15　全省林业龙头企业情况

(2)全省核桃龙头企业情况　　全省 16 个州(市)中 13 个州(市)有核桃企业分布,共计 748 家,其中龙头企业 120 家,核桃龙头企业占核桃企业的 16.04%。对 13 个州(市)核桃企业数量由多到少排序依次为:大理 330 家,楚雄 99 家,怒江 98 家,保山 54 家,丽江 49 家,玉溪 31 家,曲靖 30 家,昆明 24 家,临沧和昭通均为 11 家,迪庆 5 家,普洱和德宏各 3 家。核桃龙头企业由多到少依次为:丽江 29 家,大理 24 家,楚雄 17 家,昆明 16 家,保山 7 家,其余州(市)均在 5 家以下。具体情况如图 9-16 所示。

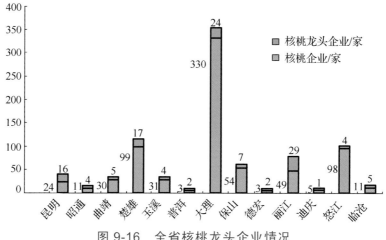

图 9-16　全省核桃龙头企业情况

(3)全省核桃加工企业情况　　对全省拥有核桃企业的 13 个州(市)进行调查发现,全省核桃加工企业有 204 家,占核桃企业总数的 27.27%。各州(市)核桃加工企业以大理最多,为 92 家,其次是保山 54 家,楚雄 24 家,临沧 11 家,其余州(市)均在 5 家以下,德宏无核桃加工企业。具体情况如图 9-17 所示。

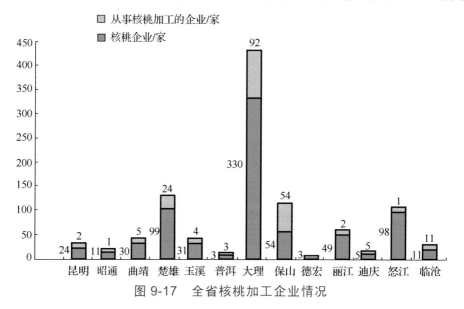

图 9-17　全省核桃加工企业情况

2．龙头企业情况

(1)产值情况　　对 67 家核桃生产加工龙头企业进行调查，产值分布情况如图 9-18 所示：总产值在 10 亿元的仅有云南摩尔农庄生物科技开发有限公司 1 家企业，无总产值在 5 亿～10 亿元的企业，总产值在 1 亿～5 亿元的有 7 家(云南磨浆农业股份有限公司、鲁甸县鑫辉农特产品开发有限公司、云南信威食品有限公司、云南优昊实业有限公司、大姚广益发展有限公司、大姚锦亿土特产有限公司和大姚县三台绿特食品开发有限责任公司)，产值在 1000 万～1 亿元的有 41 家，产值小于 1000 万元的有 18 家。相较于云南核桃面积、产量第一的地位，核桃加工龙头企业整体产值偏低，仅有 1 家企业产值在 10 亿元以上，88% 为产值在 1 亿元以下的中小企业。总体而言，云南核桃产业缺乏有带动支撑作用的真正龙头企业。

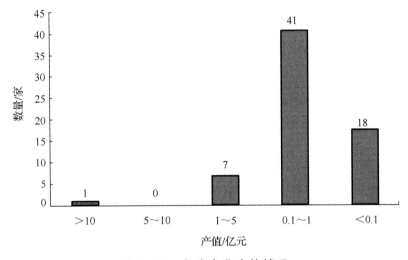

图 9-18　龙头企业产值情况

(2)品牌、加工、销售情况　　所调查的企业中，共有 1 家国家级龙头企业和 27 家省级龙头企业，拥有"摩尔农庄""磨浆""漾宝""笑果果"等 30 个知名品牌，其中有 21 家企业集核桃种植、加工、销售为一体。企业销售渠道有：直销、店销、网络销售、经销商销售等几种方式。

(3)出口贸易情况　　67 家龙头企业中，仅丽江市永胜天然食品厂、云南信威食品有限公司、漾濞县核桃秀工艺品厂等 5 家公司拥有出口贸易，2016 年总出口额为 7299 万元。其中，云南信威食品有限公司出口贸易额 6989 万元，占其总产值的 50%，其余公司出口贸易能力不强。

(三)专业合作社情况

全省共有林业专业合作社 5270 个，其中核桃专业合作社 1309 个，占林业专业合作社的 24.84%。全省 16 个州(市)除西双版纳外，其余 15 个州(市)均成立了核桃专业合作社。其中,大理核桃专业合作社最多,达 321 个,保山 242 个,楚雄 189 个,怒江 101 个,临沧 99 个。具体情况如图 9-19 所示。

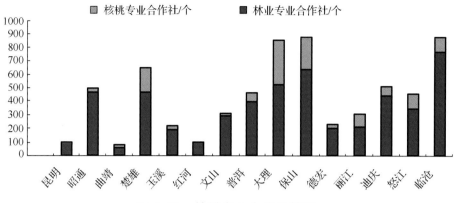

图 9-19   核桃专业合作社情况

以楚雄为例,目前已成立核桃专业合作社总社员人数已达 13 644 人,有国家级示范社 3 个(楚雄市中山镇草介核桃专业合作社、大姚三台核桃种苗专业合作社、大姚县彝丽核桃专业合作社),省级示范社 13 户。

(四)交易市场

全省核桃交易市场共 106 个,以丽江核桃交易市场最多,达 44 个,其次为大理 24 个,楚雄 18 个,怒江 8 个,曲靖 7 个,迪庆 3 个,昆明 2 个;全省通过交易市场产生的核桃年交易量为 25.48 万吨,交易量最大为大理,达 12.94 万吨,其次为楚雄 5.65 万吨,丽江 2.85 万吨,曲靖 2.49 万吨,怒江 0.8 万吨,昆明 0.35 万吨;全省交易市场核桃年交易额达 60.60 亿元,以大理最高,达 35.08 亿元,其次为楚雄 12.43 亿元,丽江 5.07 亿元,曲靖 5.03 亿元。具体情况如图 9-20 所示。

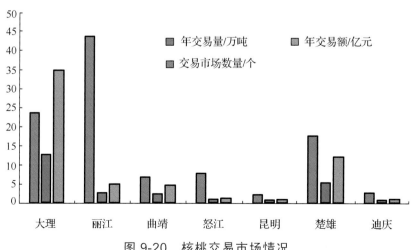

图 9-20   核桃交易市场情况

(五)全省核桃地理标志产品及商标建设情况

云南省核桃地理标志商标共 16 项,其中涉及加工核桃的有 7 项,占核桃地理标志商标总数的 44%;全省核桃驰名商标有 2 项,均为核桃鲜果;核桃著名商标 26 项,涉及加工核桃的 20 项,占总数的 77%。具体情况如图 9-21 所示。

图 9-21　核桃地理标志商标及著名商标

(六)龙头企业研发情况

所调查的龙头企业中,有研发中心 5 个,技术创新中心 4 个,院士专家工作站 3 个,地市级创新团队 2 个,公司自成立创新团队 2 个。研发人数 229 人(其中高级 41 人、中级 54 人),专利 159 项(其中发明 20 项、实用 75 项、外观 64 项),良种 9 个,重点新产品 24 个,标准 17 个(国标 4 项、行标 3 项、地标 1 项、企业标准 21 项),奖励 47 项(省部级 21 项、州市级 20 项、其他 6 项)。

 二、云南核桃加工存在的主要问题

(一)企业规模小,层次低,产品少,带动力不强

1. 企业规模小

云南省现有加工企业普遍规模较小,实力弱,虽然有不少企业获得了"龙头"企业的称号,但真正称得上龙头的企业并不多,总产值在 10 亿元以上的仅有云南摩尔农庄生物科技开发有限公司 1 家企业,无总产值在 5 亿～10 亿元的企业,总产值在 1 亿～5 亿元的有 7 家。

2. 产品单一

大多数企业以原料供给型、资源消耗型、初级加工型为主,产业链短,产业体系不健全,产品附加值低,大多数企业以初级加工为主,产品比较单一,对整个产业的辐射性、带动性还不强。经统计,云南省核桃仁初加工占核桃总体加工量的 75% 以上,深加工消耗的核桃仅占全省核桃产量的 8.74%。

（二）主要深加工产品产能远大于销量

从统计数据可以看出，云南核桃乳目前产量仅约为产能的1/2，且核桃乳销量并未达到饱和，说明增加全省核桃乳产能的必要性不大；作为最主要深加工产品的核桃油，销量仅为产量的1/2，产品明显出现滞销现象，产生这一现象的原因是群众对核桃油的接受度问题，以及核桃油本身的质量问题或者是市场营销手段等，值得认真思考。

（三）企业自主创新能力不足，关键核心技术缺乏

企业研发或技术中心数量不多，从事研发技术人员缺乏；已有专利中发明专利所占比重小，以设备改良的实用新型专利和产品包装的外观设计专利为主；大多企业缺乏产品研发和创新意识。

（四）产品以初加工为主，市场占有率低

云南核桃总产量高，但加工企业的技术装备配置较低，使得核桃产品以初级加工居多，缺乏深加工产品。全省67家龙头企业中，仅5家有出口贸易且金额不高。云南的核桃因设备、技术等原因，主要以初级产品销售，难免造成核桃产出的低效益，很难实现核桃产品的多层次、多元化的增值效益。

（五）交易市场不健全，市场质量与数量不成正比，价格波动范围大

调查数据显示，云南核桃交易市场仅分布在大理、楚雄、丽江、曲靖、怒江、昆明和迪庆7个州（市），其他9个州（市）均无分布，对核桃流通产生了一定程度的影响。同时，对有交易市场的各州（市）数据进行分析，发现交易市场最多的丽江，其交易量和交易额偏低，平均交易价为1.78万元/吨；而交易市场略少的大理，交易额和平均交易价都远高于丽江。一定程度上可以看出，交易市场的质量和数量不成正比。根据各州（市）提供的核桃干果平均单价可知，价格波动范围较大。

（六）市场体系不健全，营销网络不完善，市场开拓不足

规模化经营没有形成，没有相应的市场营销措施。产品的附加值不高，没有真正做出大而优的名优品牌。企业各自为阵，互不联系，信息不沟通，没有形成有效的省内和市内行业整体优势布局，导致市场竞争力弱，抗风险能力低。

▶▶ 三、云南核桃加工的对策和建议

（一）扶持龙头企业，引领云南木本油料走"品牌化"道路

1. 扶持龙头企业

按照"扶大、扶强、扶优"的原则，认真落实扶持龙头企业发展的财政、

税收、金融等优惠政策。有重点地扶持一批带动面广、竞争力强、产业关联度大、技术水平高的龙头企业，并给予重点扶持。

2. 品牌建设

各级政府应依托云南省的气候资源优势，积极推进地理标志产品的申报和保护，以地理标志产品申报为契机，增强核桃企业的名牌意识，重点推动核桃有机种植和有机产品开发，扶持核桃企业走品牌化道路，积极引导企业争创名牌产品，从而推动核桃产业全面升级。

(二)培育龙头加工企业，开展精深加工，延长产业链

核桃生产属家庭式分散生产，培育核桃收购、营销，特别是精深加工的龙头企业，将千家万户的小生产与千变万化的大市场连接起来，加快核桃精深加工、技术创新、品牌打造、市场开拓。通过龙头企业培育，调整产业结构，转变发展方式，延长产业链，提高附加值，消化核桃原料，使核桃产业健康、持续发展。建议加大对产值排在前列的企业进行重点扶持，将其打造为云南核桃产业的"带头人"，同时在全省培育铺天盖地的"小巨人"，开创云南核桃产业蓬勃发展的新局面。扶持加工企业，重点要解决融资难、融资贵的瓶颈，解决贷款贴息、人才引进、质量认证、品牌宣传、产品营销等问题。

(三)重视核桃交易市场建设，为林农、企业、外商搭建交易平台

核桃产业具有分散经营、产业集中度低的特点，在产业发展中，虽然涌现出一些核桃加工企业、林业专业合作社等林业新型经济组织，但运行机制尚不完善，农民组织化程度还不够高。在生产方式上，大部分农户仍限于一家一户单兵作战，科技化、信息化水平还很低；在经营方式上，多而散现象普遍存在，专业化、集约化水平还较低；在组织方式上，家庭式经营占主导地位，在技术支持和市场竞争中均处于劣势地位。推进核桃产业持续、快速、健康发展，迫切需要加大各类核桃市场的培育力度，以城镇建设为载体，抓好核桃产品交易市场建设，特别要完善批发零售市场、仓储物流、冷库等设施建设，构建一体化的核桃交易中心，实现千家万户的分散生产与千变万化的市场之间的有效对接。将林农和核桃产业发展的诸环节联结成一个有机的整体，确保核桃产业按照一体化的方向顺利发展。

(四)着力加强科技支撑，不断提高核桃产品的质量

核桃产品市场份额和销售单价的差距，关键就是产品质量，而左右产品质量的核心就是质量标准和保障措施的落实。要鼓励企业加强自主研发和引进适合中国国情的核桃采后商品化处理的设备；倡导农民对核桃进行适时采收并进

行必要的清洗、干燥、分级等商品化处理，从而提高核桃的商品属性，增强市场竞争力，改变云南核桃在市场竞争中疲软无力的局面。

(五)加大宣传力度，提高云南核桃市场占有率

云南核桃品种独特、品质优良、绿色生态，有特色、有优势、有规模，但宣传十分薄弱，生于深山、少为人知。中国人每人吃 1 个云南核桃，就能消耗 1.7 万吨云南核桃；世界上每人吃 1 个云南核桃，就将消耗 9 万吨云南核桃。因此，建议全省统一打造云南核桃品牌，下大功夫统一开展品牌宣传，提升云南核桃的市场知名度、影响力、竞争力和占有率。

(六)依靠科技进步，加强科技攻关，提升发展水平

要加强核桃新功能、新产品研发力度，开发出更多适应市场需求和消费需求的健康食品、保健食品、功能食品以及其他产品，拓展核桃用途，消化核桃原料，满足人们不断增长的物质需求、健康需求和精神需求。要加强核桃良种选育、丰产栽培、集约经营、科学烘烤等关键技术攻关，提高核桃产量、质量和效益。要加强核桃人才培养、科技推广和技术培训，加快新技术、新成果的转化运用，将核桃栽培管理和集约化经营技术普及到千家万户，提高林农素质，转变发展方式，提升发展水平。

参 考 文 献

方文亮, 董润泉, 王定, 等. 1995. 核桃高效嫁接技术. 经济林研究, (1): 45-51.

方文亮, 范志远, 习学良, 等. 2005. 云新90301等3个杂交优良早实核桃新品种的选育. 西部林业科学, (1): 1-8.

方文亮, 宁德鲁, 杨荣飞, 等. 2016. 云南核桃栽培管理技术. 昆明: 云南科技出版社.

方文亮, 王定, 黄谦, 等. 1994. 核桃蓄热保湿嫁接方法的研究. 云南林业科技, (1): 38-44.

方文亮, 杨振邦, 黄谦, 等. 1991. 核桃杂交育种研究初报. 云南林业科技, (4): 18, 19-22.

方文亮, 杨振邦, 黄谦, 等. 1999. 核桃早实、丰产、优质杂交新品系. 北京: 中国林业出版社.

方文亮, 杨振邦, 黄谦, 等. 2001. 核桃早实、丰产、优质杂交新品系的选育研究. 保定: 中国园艺学会干果分会成立大会暨第二届全国干果生产与科研进展学术研讨会.

方文亮, 杨振邦. 1980. 核桃室内嫁接埋藏试验初报. 云南林业科技通讯, (1):29-31.

方文亮. 1987. 核桃杂交育种研究报告. 经济林研究, (S1):228-233.

方文亮. 2006. 云新高原、云新云林杂交早实核桃新品种栽培技术及目前栽培中存在的问题. 云南林业, (2):17-18.

方文亮. 2008. 云南5个早实杂交新品种核桃优良性状及栽培技术//中国核桃大会. 首届中国核桃大会论文集. 昆明: 云南科技出版社.

方文亮. 2012. 种好高原"摇钱树"——云南核桃. 云南林业, (6): 54-55.

方文亮. 2015. 云南核桃栽培管理技术. 昆明: 云南科技出版社.

高海生, 朱凤妹, 李润丰. 2008. 我国核桃加工产业的生产现状与发展趋势. 经济林研究, 26(3): 119-126.

韩晓云, 刘鹏, 王震, 等. 2019. 核桃青皮提取物对病原生物抑菌作用的研究进展. 吉林农业, 446(05):68-69.

黄黎慧, 黄群, 孙术国, 等. 2009. 核桃的营养保健功能与开发利用. 粮食科技与经济, (4):48-50.

寇文国, 高洪庆. 2000. 核桃产品的开发利用. 中国油脂, 25(6): 112-113.

李仙兰. 2013. 云南核桃绿色丰产抚育管理技术. 昆明: 云南科技出版社.

李忠新, 杨莉玲, 阿布力孜·巴斯提, 等. 2013. 中国核桃产业发展研究. 中国农机化学报, 34(4):23-28.

宁德鲁. 2008. 云南核桃地产成因分析及增产增效途径//中国核桃大会.首届中国核桃大会论文集. 昆明: 云南科技出版社.

秦微微, 张凌. 2012. 国内核桃壳综合利用技术的研究现状. 食品工业, 33(11):138-140.

孙向阳. 2005. 土壤学. 北京：中国林业出版社.

王定. 1989. 核桃嫁接新技术——芽砧嫁接法. 云南林业科技, (3)：48-50.

王利华. 2007. 核桃的营养保健功能及加工利用. 中国食物与营养, (8)：28-30.

伍季, 章银良, 付有利. 2006. 核桃的综合开发现状与利用前景. 食品工业, (4):31-32.

郗荣庭, 张毅平. 1992. 中国核桃. 北京：中国林业出版社.

郗荣庭, 张毅平. 1996. 中国果树志(核桃卷). 北京：中国林业出版社.

杨文衡, 郗荣庭. 1987. 核桃栽培. 北京：农业出版社.

杨源. 2002. 核桃丰产栽培技术. 昆明：云南科技出版社.

杨振邦, 方文亮. 1988. 云南主要核桃品种的性状初探. 云南林业科技, (3):1-10.

俞秀玲, 张杰. 2007. 核桃花粉营养成分分析与评价. 林业科技开发, 21(3):45-47.

云南植被编写组. 1987. 云南植被. 北京：科学出版社.

郑万钧. 1985. 中国果树志(第二卷). 北京：中国林业出版社.

郑小花. 2019. 核桃的营养保健功能与开发利用. 农家致富顾问, (2):134.

中国科学院中国植物志编辑委员会. 1979. 中国植物志. 北京：科学出版社.

中国农业科学院. 1987. 中国果树栽培学. 北京：农业出版社.